"中国森林生态系统连续观测与清查及绿色核算"系列丛书

王　兵 ■ 主编

山西省直国有林

森林生态系统服务功能研究

孙拖焕　李振龙　孙向宁　崔亚琴
刘随存　高瑶瑶　牛　香　王　兵　等 ■ 著

中国林业出版社

图书在版编目(CIP)数据

山西省直国有林森林生态系统服务功能研究 / 孙拖焕等著. -- 北京 : 中国
林业出版社, 2019.7
ISBN 978-7-5219-0119-1

Ⅰ.①山… Ⅱ.①孙… Ⅲ.①国有林－林区－森林生态系统－服务功能－
研究－山西 Ⅳ.①S718.56

中国版本图书馆CIP数据核字(2019)第119844号

审图号 : 晋 S (2018) 030 号

中国林业出版社 · 林业分社
策划、责任编辑: 于界芬　于晓文

出版发行	中国林业出版社
	(100009 北京西城区德内大街刘海胡同 7 号)
网　　址	http://www.forestry.gov.cn/lycb.html
电　　话	(010) 83143542
印　　刷	固安县京平诚乾印刷有限公司
版　　次	2019 年 7 月第 1 版
印　　次	2019 年 7 月第 1 次
开　　本	889mm×1194mm　1/16
印　　张	11.5
字　　数	260 千字
定　　价	98.00 元

《山西省直国有林森林生态系统服务功能研究》
著 者 名 单

项目完成单位：

山西省林业科学研究院

中国林业科学研究院

中国森林生态系统定位观测研究网络（CFERN）

项目首席科学家：

王　兵　中国林业科学研究院

孙拖焕　山西省林业科学研究院

项目组成员：

孙拖焕	梁守伦	刘随存	杨　静	常建国	孙向宁	樊兰英
刘　菊	郭晓东	李任敏	崔亚琴	武秀娟	米文精	冯建成
魏清华	韩建平	王　琼	李振龙	盖　强	梁廷杰	张改英
马鹏云	王效庭	李效东	杨俊嫒	卫书平	马国强	侯海英
王忠贵	王洪亮	郭建荣	宫建军	岳支红	韩　钦	郝文贵
贺业厚	任建军	张有华	冯建华	姚建忠	郝育庭	杨于军
白继光	冯建军	张　丽	韩　晗	李　勇	韩　兵	李瑞平
栗永红	陈军军	刘　伟	王艳军	牛　香	王　兵	高瑶瑶
刘　润	宋庆丰	黄龙生	王　慧	刘　斌	刘　磊	李园庆

特别提示

1. 本研究依据森林生态系统连续观测和清查体系（简称：森林生态连清体系），对山西省省直国有林森林生态系统服务功能进行评估，范围包括杨树局、太岳林局、太行林局、中条林局、黑茶林局、吕梁林局、管涔林局、五台林局、关帝林局、实验林场。

2. 依据中华人民共和国林业行业标准《森林生态系统服务功能评估规范》(LY/T 1721—2008)，针对九大林局及实验林场优势树种（组）分别开展山西省省直国有林森林生态系统服务评估，评估指标体系包括涵养水源、保育土壤、固碳释氧、林木积累营养物质、净化大气环境、生物多样性保护、森林游憩 7 项功能 20 个指标。

3. 本研究所采用的数据：① 2016 年年底的林地变更数据，根据 2015 年度一类资源清查规则进行汇总，同时利用 2015 年度一类资源调查结果进行总控，确定各林局及实验林场林地总面积以及各类林地面积，该数据由山西省林业科学研究院提供；②山西省省直国有林森林生态连清数据集，来源于山西省森林生态监测网络体系和国家级森林生态系统定位观测研究站共 13 个森林生态站的监测数据；③社会公共数据，来源于我国权威机构公布的社会公共数据。

4. 当现有的野外观测值不能代表同一生态单元同一目标林分类型的结构或功能时，为更准确获得这些地区生态参数，引入了森林生态功能修正系数，以反映同一林分类型在同一区域的真实差异。

5. 在价值量评估过程中，由物质量转价值量时，部分价格参数并非评估年价格参数。因此，引入贴现率将非评估年价格参数换算为评估年份价格参数以计算各项功能价值量的现价。

凡是不符合上述条件的其他研究结果均不宜与本研究结果简单类比。

前　言

　　森林是陆地生态系统的主体，是自然界功能最完善的资源库、蓄水库、碳贮库和能源库，是实现环境与发展相统一的关键和纽带。森林具有涵养水源、水土保持、防风固沙、固碳释氧、净化环境、减少灾害、保护生物多样性等方面的功能。对改善生态环境、维护生态系统平衡、促进经济社会可持续发展起着重要作用。新时代人民的需要，已经从物质文化需求发展到美好生活需要，随着人们对生态环境需求的不断增加，森林生态效益的价值不断提高，并超过了森林所带来的直接经济效益。森林的生态功能只有用价值的形式来表现，才能给人们更加直观明确的概念，使人们更加了解森林所具有的全部作用和价值，开展森林生态效益价值评估研究，对建立绿色 GDP 核算体系、构建结构和功能良好的森林生态体系，提高社会公众保护森林资源及生态环境的意识等方面都具有十分重要的意义。

　　2005 年，时任浙江省委书记的习近平同志在浙江安吉天荒坪镇余村考察时，首次提出了"绿水青山就是金山银山"的科学论断。习近平总书记生态文明思想为推进美丽中国建设、实现人与自然和谐共生的现代化提供了方向指引和根本遵循。党的十八大作出了把生态文明建设放在突出地位，纳入中国特色社会主义事业"五位一体"总布局的战略决策。2015 年，中共中央、国务院正式公布《关于加快推进生态文明建设的意见》。生态文明建设是中国特色社会主义事业的重要内容，关系人民福祉，关乎民族未来，事关"两个一百年"奋斗目标和中华民族伟大复兴中国梦的实现。加快推进生态文明建设是加快转变经济发展方式、提高发展质量和效益的内在要求，是坚持以人为本、促进社会和谐的必然选择，是积极应对气候变化、维护全球生态安全的重大举措。

　　2017年习近平在视察山西时强调，坚持绿色发展是发展观的一场深刻革命。要从转变经济发展方式、环境污染综合治理、自然生态保护修复、资源节约集约利用、完善生态文明制度体系等方面采取超常举措，全方位、全地域、全过程开展生态环境保护。要广泛开展国土绿化行动，每人植几棵，每年植几片，年年岁岁，日积月累，祖国大地绿色就会不断多起来，山川面貌就会不断美起来，人民生活质量就会不断高起来。

　　近年来，森林生态服务功能评估成为国内外研究热点之一。自20世纪80年代，我国开展了大量森林生态系统服务功能评估方面的研究工作，也取得了众多成果。从"八五"开始，国家林业局在原有工作基础上，积极部署长期定位观测工作，不仅建立了覆盖主要生态类型区的中国森林生态系统定位观测研究网络（英文简称CFERN），对森林生态功能进行长期定位观测和研究，获得了大量的数据，并在功能评估等关键技术上取得了重要的进展。

　　2006年，"中国森林生态服务功能评估"项目组启动"中国森林生态质量状态评估与报告技术"（编号：2006BAD03A0702）"十一五"科技支撑计划；2007年，启动"中国森林生态系统服务功能定位观测与评估技术"（编号：200704005）国家林业公益性行业科研专项计划，组织开展森林生态服务功能研究与评估测算工作。2008年制定了《森林生态系统服务功能评估规范》（LY/T 1721—2008），并对"九五""十五"期间全国森林生态系统涵养水源、固碳释氧等主要生态系统服务功能的物质量进行了较为系统、全面的测算，为进一步科学评估森林生态系统的价值量奠定了数据基础。

　　2009年11月17日，国务院新闻办举行了第七次全国森林资源清查新闻发布会，时任国家林业局局长贾治邦首次公布了我国6项森林生态系统服务功能价值量合计每年达10.01万亿元，相当于全国GDP总量的1/3。评估结果更加全面地反映了森林的多种功能和效益。2015年，由国家林业局和国家统计局联合启动并下达的"生态文明制度构建中的中国森林资源核算研究"项目研究成果显示，全国森林生态系统服务功能年价值量达 12.68 万亿元，相当于 2013 年全国 GDP 总量（55.88 万亿元）的 23.00%，与第七次全国森林资源清查期末相比，增长了 27.00%。

山西省为改善生态环境组织开展大规模荒山绿化，为保护森林资源，按照山脉水系跨行政区域，陆续组建了关帝山、管涔山、太岳山、中条山、五台山、吕梁山、太行山、黑茶山 8 个国有林管理局下设 48 个林业办事处，1980 年新建桑干河杨树丰产林实验局（简称杨树局）。2005 年，根据生态建设的需要，除杨树局外，省编委将省直 8 个森林经营局更名为国有林管理局，形成了现在的省直林局。省直林局地跨 11 个市 62 个县，林地总面积 2263 万亩，有林地面积 1496.2 万亩，活立木蓄积量 5884 万立方米，分别占全省国有林业的 56.5%、62.2%、74.5%。省直林局国有林场由原来的 146 个，整合为改革后的 108 个，林职院实验林场列入省直林场序列。

省直林局的森林资源从南到北分布于太行山和吕梁山主脊两侧，是汾河、沁河等 12 条主要河流的源头地区，是维护山西省国土生态安全的核心和基础。这些森林资源蕴藏着 3600 余种动植物资源，是山西境内面积最大、生物多样性最为丰富的物种基因库。因此，客观评价山西省省直林局森林生态系统服务功能意义十分重大。

为了客观、动态、科学地评估山西省直国有林森林生态系统服务功能，准确量化森林生态系统服务功能的物质量和价值量，提高林业在山西省国民经济发展中的地位。山西省发改委立项（《关于山西省森林生态系统监测网络建设可行性研究报告的批复》晋发改农经发〔2013〕2293 号），山西省林业科学研究院开始承担山西省森林生态定位观测站建设和森林生态服务价值研究，选择能同时反映山西地形地貌分异特征和植被类型分区、水系分布的生态林业一级区划作为基础，结合多年平均气温、年降水量分布，进行森林生态类型区划分，确定 10 个省级森林生态站，对省直林局主要林分类型进行生态效益监测。以中国森林生态系统定位观测研究网络

(CFERN) 为技术依托，结合山西省直林局森林资源的实际情况，运用森林生态系统连续观测与定期清查体系，以省直林局森林资源林地变更调查数据为基础，以 CFERN 多年连续观测数据及山西省森林生态监测网络积累数据、林业行业标准《森林生态系统服务功能评估规范》(LY/T 1721—2008) 为依据，采用分布式测算方法，从涵养水源、保育土壤、固碳释氧、林木积累营养物质、净化大气环境、生物多样性保护和森林游憩 7 个方面，对山西省省直林区森林生态系统服务功能的价值进行了评估测算。总的服务功能价值量为 852.52 亿元／年，占全省的 26.87%，服务功能价值量占比大于面积占比，说明省直国有林区的森林发挥更大的生态价值。

本研究充分反映了山西省林业生态建设成果，将对确定森林在生态环境建设中的主体地位和作用具有非常重要的现实意义，并有助于山西省开展生态服务资源负债表的编制工作，推动生态效益科学量化补偿和生态 GDP 核算体系的构建，进而推进山西省林业由木材生产为主转向森林生态、经济、社会三大效益统一的科学发展道路，为实现习近平总书记提出的林业工作"三增长"目标提供技术支撑，并对构建生态文明制度、全面建成小康社会、实现中华民族伟大复兴的中国梦不断创造更好的生态条件，帮助山西人民算清楚"绿水青山价值多少金山银山"这笔账。

著者

2019 年 2 月

目　录

www.cfern.org

第一章
山西省直国有林森林生态系统
连续观测与清查体系

山西省直国有林森林生态系统服务功能评估是基于山西省森林生态系统连续观测与清查体系（图1-1），是指以山西林业区划为基础，同时考虑对林木分布和生长具有重要影响的年均降水量和年均气温等气象因子，通过叠加形成的10个生态类型区为单元，分别各单元建立省级森林生态系统定位观测研究站（简称省级生态站），以及国家林业局在山西省内

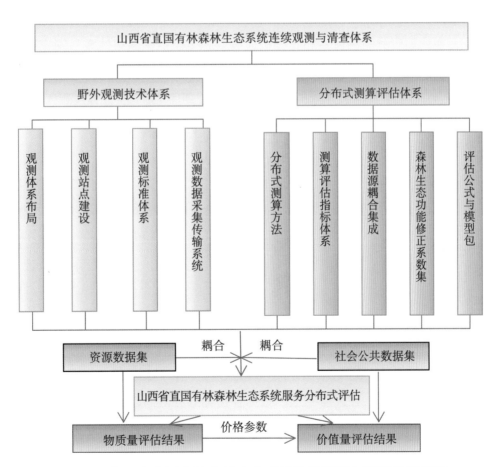

图 1-1　山西省直国有林森林生态系统连续观测与清查体系框架

的 3 个森林生态系统服务功能定位观测站（简称国家级生态站），构成的山西省森林生态系统服务功能监测网络，采用长期定位观测技术和分布式测算方法，定期对山西省直国有林森林生态系统服务功能进行全指标体系连续观测与清查；以山西省直国有林管理局（场）林地资源变更为依据，2015 年度山西省森林资源一类清查为总控，计算省直国有林局（场）所辖森林的森林调查因子；将全指标体系连续观测与清查的生态连清数据与资源数据相耦合，评估一定时期和范围内的森林生态系统服务功能物质量。再通过国家权威部门以及山西省公布的社会公共数据，根据贴现率将非评估年份价格参数转换为 2016 年度价格，将物质量转换成价值量，最终以货币形式体现森林生态系统服务功能的动态变化。

第一节　野外观测技术体系

一、山西省直国有林森林生态系统服务监测站布局与建设

野外观测技术体系是构建山西省直国有林森林生态连清体系的重要基础，也是开展森林生态系统服务功能物质量和价值量评估的重要参数来源，为了做好这一基础工作，需要考虑如何构架野外观测体系布局。山西省直国有林所属森林作为山西省森林生态系统的重要组成部分，在构架野外观测体系和建设山西省森林生态监测网络体系、国家级森林生态系统定位观测研究站两大平台时坚持"统一规划、统一布局、统一建设、统一规范、统一标准，资源整合，数据共享"原则，使山西省直国有林管理局（场）的野外观测体系融为一体。具体布局和建设方法如下：

（一）森林生态类型区划分

区划指标筛选：在对国内外区划指标分析的基础上，海选森林生态类型区区划指标集，并收集二类清查数据，通过相关分析删除与森林生长与功能相关性不强的指标，确定初选指标体系。区划指标体系的确定依据"海选→初选→定量筛选→定性筛选"的方法。

指标区间确定：确定区划指标基础上，收集二类清查资料中山西优势树种（组）的生长数据，通过生长—林龄关系模型更新数据库，构建林分生长（以 D^2H 表征，D 为胸径，H 为树高）对区划指标的响应模型，根据模型曲线变化特征确定各指标的划分区间。

森林生态类型区划分：收集各区划指标数据，其中点状数据应用地理信息系统的反距离权重插值法构建面状数据。在此基础上，根据各指标划分区间，形成专题区划图，应用叠置分析将专题区划图叠加成森林生态类型区划初图。图中完全重合部分为均质区域，破碎区域根据合并标准指数 (Merging Criteria Index，MCI) 进行判断，若 MCI ≥ 75%，则作为独立类型区；若 MCI < 75%，根据长边合并原则合并至相邻最长边区域中。经斑块合并及破

碎区域整合，形成森林生态系统类型区划分终图。其中MCI的计算公式为：

$$MCI=Min\ (S_i, S)\ /Max(S_i, S) \tag{1-1}$$

式中：S_i——待评估森林分区中被切割的第i个多边形面积，i=1，2，3，…，n；

　　　n——该森林分区被区划指标切割的多边形个数；

　　　S——该森林分区总面积减去S_i后剩余面积。

森林生态类型区划分技术路线如图1-2所示。

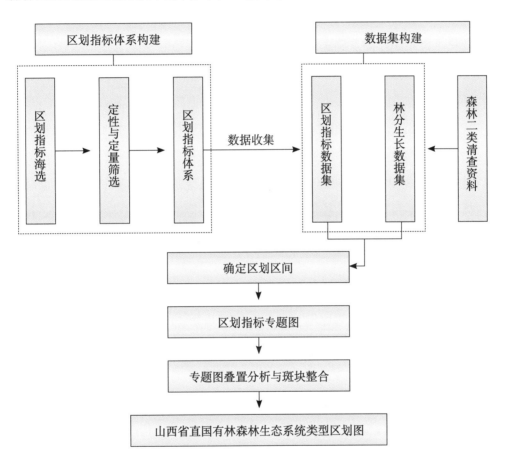

图1-2　森林生态类型区划分技术路线

（二）典型森林生态系统选择及布局

1.立地类型及流域划分

基于坡度＋坡向＋土厚组合进行立地类型划分，其中坡度分为平坡（PD≤5°）、缓坡（5°＜PD≤15°）、斜坡（15°＜PD≤25°）和陡坡（PD＞25°）四级，坡向分为阴、阳坡两级，土厚分为薄土（≤30厘米）和厚土（＞30厘米）两级。将坡度、坡向及土厚分布图叠加，形成立地类型分布图。

应用数字高程模型（DEM），采用地理信息系统的水文分析提取河网，基于河网分布和分水岭位置进行流域划分，流域图和立地图叠加，形成流域—立地类型分布图。

2. 主要监测树种选择及主要森林生态系统类型划分

基于二类清查资料，将树种面积由大到小排序，从大到小统计树种的累计面积，并依次测算累计面积占森林总面积的比例，当该比例达到80%以上时，停止累加，将该比例范围内列入面积累加的树种确定为主要监测树种。

根据立地类型划分及主要监测树种选择结果，以主要监测树种＋林龄组＋立地类型（坡度＋坡向＋土厚）组成的指标体系划分主要森林生态系统类型，其中林龄组分为幼龄林、中龄林、近熟林、成熟林和过熟林五级。

3. 理想森林生态系统监测点确定

各森林生态类型区内，以主要森林生态系统类型为统计对象，以下述指标体系为依据，类型区的整体特征(T类型区)：T类型区＝{森林区域阳坡面积比例、森林区域阴坡面积比例、森林区域平坡面积比例、森林区域缓坡面积比例、森林区域斜坡面积比例、森林区域陡坡面积比例、森林区域薄土面积比例、森林区域厚土面积比例、主要森林生态系统类型的数量、主要森林生态系统加权平均树高、主要森林生态系统加权平均胸径、主要森林生态系统加权平均林龄、主要森林生态系统加权平均郁闭度}，其中，权重为面积比例。加权平均林龄指数计算中，幼龄林、中龄林、近熟林、成熟林及过熟林林龄组的赋值分别是1、2、3、4、5。

各森林生态类型区内，测算各主要森林生态系统占森林区域总面积的比例、占种内总面积比例、占种内各龄组总面积的比例、主要森林生态系统的郁闭度（指示主导功能）、主要森林生态系统树高相对离差率（指示立地条件）。其中，树高相对离差率是以某个树种的某一龄组为计算单元，用该林龄组内各主要森林生态系统的树高与龄组内平均树高差值的绝对值除以平均值计算所得。

以上述测算结果为依据，确定代表性森林生态系统评价指标体系（S森林）：S森林＝{占总面积最大比例、占树种内面积最大比例、占种内对应龄组面积的最大比例、最大郁闭度、最小树高相对离差率}。将与上述指标集中所有指标统计值均完全相同的森林生态系统视为理想监测系统。

4. 典型森林生态系统监测的布局技术

对某个典型监测系统而言，数据库中存在多个与其特征相同的样本，这些样本在空间上或聚集、或离散、或均匀分布，选择哪些空间位置的典型监测系统进行监测是布局研究中难点。

本研究在确定典型监测系统及其特征的基础上，其中某个典型监测系统相对应样本的搜索与确定方法与流程为：①分析样本在典型流域的分布特征（包括数量分布和空间分布特征）；②从样本分布的所有典型流域中筛选出相似度最高的流域；③若在相似度最高流域中，符合特征的样本仅有 1 个，则记录其所在流域的编号及地理坐标；④若在相似度最高流域中，符合特征的样本仍有多个（2 个及以上），则采用决策树寻优，直到确定其中的 1 个样本及其空间位置；⑤若在典型流域不存在上述样本，依流域相似度由高到低的顺序进行搜索，确定流域后，重复 3~4 的步骤，确定监测样本及其空间位置。最后，在数据库中为每个典型监测系统确定 1 个相对应的样本，作为该森林生态系统生物、立地等因子的监测场所。综合所有典型监测系统所对应样本的位置信息，确定典型监测系统的布局。类型区内典型监测系统选择及布局技术研究的技术路线见图 1-3。

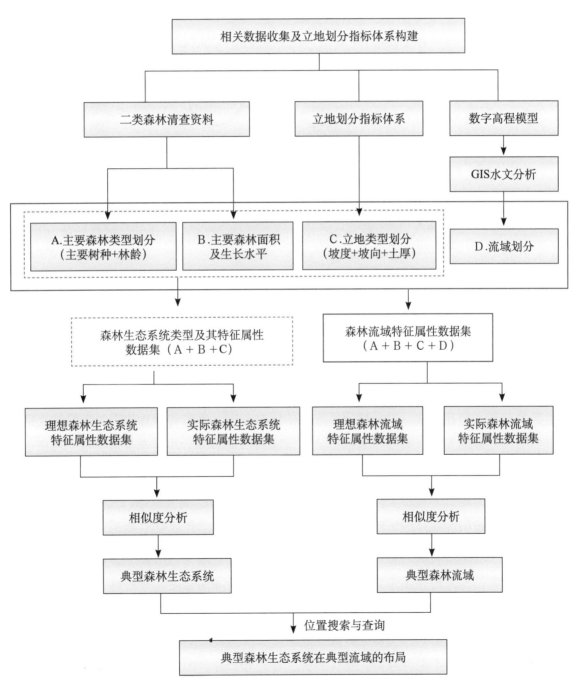

图 1-3　典型系统选择及布局技术研究路线

5. 典型监测系统的组网技术研究方法和技术路线

根据森林生态类型区的划分及各类型区内典型森林生态系统的选择及布局研究结果，首先在各类型区中心位置设立基站，对其典型森林生态系统的监测进行管理，构成各类型区内的监测网。设立管理中心，对各类型区内的基站进行管理，构成省域尺度的森林生态系统监测总网。总网构建技术路线如图1-4所示。

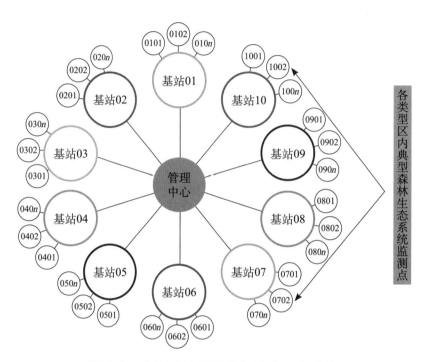

图1-4　典型系统总网构架技术研究路线

6. 子网构建的研究方法和技术路线

根据特征相似性，在数据库中搜索、查询所有和典型森林生态系统特征相近的样本，确定典型监测系统在立地、生长特征等方面的辐射范围。考虑到森林生态系统监测还涉及气象等因子，以站为三角网构建的顶点，应用地理信息系统，绘制泰森多边形，确定各基站气象监测的辐射范围。

泰森多边形是荷兰气候学家 A. H. Thiessen 提出的，根据离散分布的气象站的降雨量来计算平均降雨量的方法，即将所有相邻气象站连成三角形，作这些三角形各边的垂直平分线，于是每个气象站周围的若干垂直平分线便围成一个多边形。用这个多边形内所包含的一个唯一气象站的降雨强度来表示这个多边形区域内的降雨强度，并称这个多边形为泰森多边形。泰森多边形的特性是：①每个泰森多边形内仅含有一个离散点数据；②泰森多边形内的点到相应离散点的距离最近；③位于泰森多边形边上的点到其两边的离散点的距离相等。泰森多边形可用于定性分析、统计分析、邻近分析等。例如，可以用离散点的性质来描述泰森多边形区域的性质；可用离散点的数据来计算泰森多边形区域的数据；判断一个离散点与其他哪些离散点相邻时，可根据泰森多边形直接得出，且若泰森多边形是 n 边形，则就与 n 个离散点相邻；当某一数据点落入某一泰森多边形中时，它与相应的离散点最邻近，无需计算距离。

建立泰森多边形算法的关键是将离散数据点合理地连成三角网，即构建 Delaunay 三角网。建立泰森多边形的步骤为：①离散点自动构建三角网，即构建 Delaunay 三角网。对离散点和形成的三角形编号，记录每个三角形是由哪 3 个离散点构成的；②找出与每个离散点相邻的所有三角形的编号，并记录下来。在已构建的三角网中找出具有一个相同顶点的所有三角形即可；③对每个离散点相邻的三角形按顺时针或逆时针方向排序，以便下一步连接生成泰森多边形。设离散点为 o，找出以 o 为顶点的一个三角形，设为 A；取三角形 A 除 o 以外的另一顶点，设为 a，则另一个顶点也可找出，假如为 f；则下一个三角形必然是以 of 为边的，即为三角形 F；三角形 F 的另一顶点为 e，则下一三角形是以 oe 为边的；如此重复进行，直到回到 oa 边；④计算每个三角形的外接圆圆心，并记录之；⑤根据每个离散点的相邻三角形，连接这些相邻三角形的外接圆圆心，即得到泰森多边形。

将典型生态系统立地与生长监测的辐射范围、基站气象监测辐射范围与山西主要水系分布图、重点林业工程监测点分布图依主题叠加，构建山西主要水系森林生态系统监测子网、山西重点林业工程监测子网。子网构建的技术路线如图 1-5 所示。

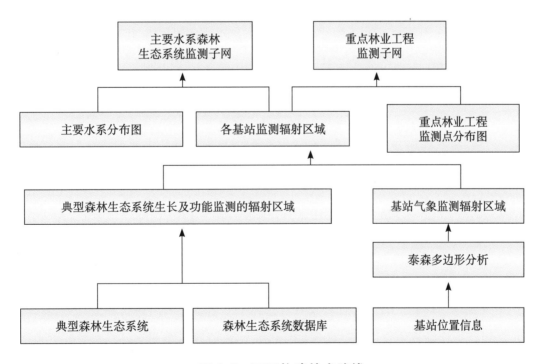

图 1-5　子网构建技术路线

（三）山西省直国有林森林生态系统监测网络体系

依据以上布局和研究结果，构建山西省森林生态系统监测网络体系（图1-2），包括3个国家级森林生态站（太行山森林生态站、太岳山森林生态站、山西吉县黄土高原森林生态站），10个省级生态站：芦芽山森林生态站、金沙滩森林生态站、关帝山森林生态站、中条山森林生态站、太原市城市森林站、五台山森林生态站、太行山森林生态站、右玉森林生态站、偏关森林生态站、临县森林生态站。

山西省各地区的自然条件、社会经济发展状况各不相同，因此在监测方法和监测指标上应各有侧重。目前，依据山西省的自然、经济、社会的实际情况，将山西省分为5个大区，即北部风沙源生态区（涉及大同市、朔州市）、西部黄土高原生态区（涉及忻州市、吕梁市、临汾市）、西部吕梁山土石山生态区（涉及忻州市、吕梁市、临汾市）、中部盆地生态区（涉及忻州市、太原市、晋中市、临汾市、运城市）和东部土石山生态区（涉及忻州市、阳泉市、晋中市、长治市、晋城市），对山西省森林生态系统服务监测体系建设进行了详细科学的规划布局。为了保证监测精度和获取足够的监测数据，需要对其中每个区域进行长期定位监测。山西省森林生态系统服务监测站的建设首先要考虑其在区域上的代表，选择能代表该区域主要优势树种（组），且能表征土壤、水文及生境等特征，交通、水电等条件相对便利的典型植被区域。为此，项目组和山西省相关部门进行了大量的前期工作，包括科学规划、站点设置、合理性评估等。

新构建的山西省森林生态系统服务监测网络体系在布局上能够充分体现区位优势和地域特色，兼顾了森林生态站布局在国家和地方等层面的典型性和重要性，已形成层次清晰、代表性强的森林生态站网，可以负责相关站点所属区域的森林生态连清工作（图1-6）。

借助上述森林生态站监测网络，可以满足山西省森林生态系统服务监测和科学研究需求。随着政府对生态环境建设形势认识的不断发展，必将建立起山西省森林生态系统服务监测的完备体系，为科学全面地评估山西省林业建设成效奠定坚实的基础。同时，通过各森林生态系统服务监测站点作用长期、稳定的发挥，将为健全和完善国家生态监测网络，特别是构建完备的林业及其生态建设监测评估体系做出重大贡献。

通过省域尺度上的全面布局，新建的10个森林生态系统服务功能监测站有9个位于山西省直国有林区范围内，而国家林业局建设的3个森林生态站有1个也在省直国有林管理局的管理范围内，这样在计算山西省直国有林森林生态系统服务功能时有10个站的生态连清数据可利用，远比计算全省森林生态效益时利用全省13个森林生态站连清数据更为精准。位于山西省直国有林管理局（场）的生态站分别是：太岳山国有林管理局灵空山国家级森林生态站、中条山国有林管理局太宽河自然保护区森林生态站、太行山国有林管理局平松林场森林生态站、关帝山国有林管理局龙兴林场森林生态站、管涔山国有林管理局芦芽山自然保护区森林生态站、黑茶山国有林管理局成庄沟林场森林生态站、杨树丰产林局油坊林

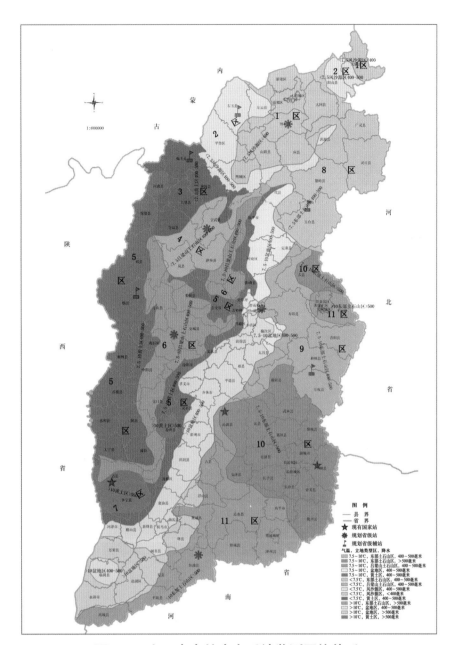

图1-6 山西省森林生态系统监测网络体系

场森林生态站、杨树丰产林局金沙滩林场森林生态站、五台山国有林管理局伯强林场生态
站和山西省林业职业技术学院东山实验林场生态站。

（四）山西省直国有林管理局（场）森林生态站布局分析

1.区域分布

山西省直国有林森林生态系统监测网络在北部风沙区布设有2个省级站；太行山区内包
括1个国家级站和3个省级站；吕梁山区布设有4个省级站，其中土石山区和黄土丘陵区各
布设有2个省级站；另外太原周边布设1个省级站。这样的体系是以山西省现有森林的分布
区域两大山脉为主体构建的，可以全面反映山西地貌、气候、土壤、森林植被等各种自然

要素中不同区域森林的生态功能特点。

2. 温度梯度

山西省直国有林森林生态系统监测网络在 <7.5℃气温区有 5 个省级站，7.5 ~ 10℃气温区有 1 个国家站、4 个省级站，>10℃气温区有 1 个省级站。

3. 降水梯度

山西省直国有林森林生态系统监测网络在 <400 毫米降水区有 1 个省级站，400 ~ 500 毫米降水区有 6 个省级站，>500 毫米降水区有 1 个国家站和 1 个省级站。

4. 水系分布

山西省直国有林森林生态系统监测网络布局还兼顾了山西的黄河、海河两大流域的主要河流，即黄河流域中的汾河水系 3 个省级站（源头 1 个省级站、中游的主要支流潇河和文峪河各 1 个省级站）；沁河水系 1 个国家站，涑水河水系 1 个省级站；湫水河、偏关河等黄河主要支流水系 3 个省级站，海河流域中的清漳河水系 1 个省级站、滹沱河水系 1 个省级站、桑干河水系 1 个省级站。

（五）主要监测对象的确定

1. 优势树种林分类型

在第八次全国森林资源清查中，山西省乔木林划分了 45 个优势树种，并分别按照起源提供了每个树种组幼龄林、中龄林、近熟林、成熟林和过熟林的资源数据，这些资源数据是进行森林生态系统服务监测站布局的基础。根据山西省各树种组的面积，结合各树种的生物学、生态学特性，我们进行了合并归类，将乔木林的 45 个优势树种合并为 10 个树种组。将 11 个经济林树种合并为 4 个树种组。加上灌木林，共划分为 15 个树种组。详见表 1-1。

表 1-1　分树种组资源数据统计

序号	树种组	龄组	面积（×10²公顷）			包含连续资源清查成果中的优势树种
			合计	天然	人工	
1	云杉	幼龄林	80	32	48	白杆、青杆
		中龄林	173	158	15	
		近熟林	32	32	0	
2	落叶松	幼龄林	331	48	283	落叶松、华北落叶松
		中龄林	539	64	475	
		近熟林	125	78	47	
		成、过熟林	63	47	16	

（续）

序号	树种组	龄组	面积（×10²公顷）			包含连续资源清查成果中的优势树种
			合计	天然	人工	
3	油松等松类	幼龄林	1402	804	598	樟子松、油松、华山松、白皮松、其他松
		中龄林	2951	1450	1501	
		近熟林	1521	1062	459	
		成、过熟林	303	223	80	
4	柏木类	幼龄林	598	266	332	柏木、侧柏、杜松
		中龄林	364	333	31	
		成、过熟林	15	15	0	
5	栎类	幼龄林	1969	1892	77	栎类、辽东栎、槲栎、槲树、青冈、板栗、栓皮栎、其他栎
		中龄林	1602	1586	16	
		近熟林	1719	1719	0	
		成、过熟林	285	285	0	
6	桦木、山杨类	幼龄林	378	346	32	白桦、红桦、山杨
		中龄林	415	415	0	
		近熟林	285	285	0	
		成、过熟林	299	299	0	
7	刺槐	幼龄林	1289		1289	刺槐
		中龄林	159	32	127	
		近熟林	94		94	
		成、过熟林	93		93	
8	硬阔类	幼龄林	727	663	64	千斤榆、胡桃楸、椴树、漆树、元宝枫、鹅耳枥、栾树、楸树、五角枫、其他槭、其他硬阔
		中龄林	253	253	0	
		近熟林	220	204	16	
		成、过熟林	16	16	0	
9	杨树及软阔类	幼龄林	913	96	817	杨树、柳树、榆树、臭椿、国槐、其他杨、其他软阔
		中龄林	331	126	205	
		近熟林	172	31	141	
		成、过熟林	1283	32	1251	
10	混交林	幼龄林	31	31	0	针叶混交林、阔叶混交林、针阔混交林
		中龄林	15	15	0	
11	红枣		1278		1278	红枣
12	核桃		488		488	核桃
13	其他干果		316		316	花椒、仁用杏
14	果树		2993		2993	苹果、梨、桃、杏、柿、山楂、其他果树类
15	灌木林		16174	14043	2131	灌木林

2. 龄组划分

森林按林木的生长阶段分为幼龄林、中龄林、近熟林、成熟林和过熟林，乔木林的龄级与龄组根据主林层优势树种的平均年龄确定，考虑到山西省成熟林和过熟林面积都不多，将这两个龄组合并为成熟林、过熟林组，组成 4 个林龄组。经济林可以划分为产前期、初产期、盛产期和衰产期 4 个生产期，但由于经济林资源数据没有林龄阶段的数据，故不进行龄组划分。灌木林也不进行龄组划分。

3. 监测森林类型确定

根据各树种组、林龄组不同起源的面积，将面积较小的归并到相近的类型中，得出由不同树种组、龄组、起源组成的 45 个森林类型。考虑到经济林的分布区域特点等，经济林只作为生态服务功能评估单元，但暂不作为森林生态站监测的森林类型，所以共确定 41 个监测森林类型，详见表 1-2。

表 1-2　监测森林类型

序号	树种组	起源	林龄组	面积($\times 10^2$公顷)	序号	树种组	起源	林龄组	面积($\times 10^2$公顷)
1	云杉	天然	幼龄林	80	24	桦木、山杨类	天然	幼龄林	378
2			中龄林、近熟林	205	25			中龄林	415
3	落叶松	天然	幼龄林	48	26			近熟林	285
4			中龄林	64	27			成、过熟林	299
5			近熟林	125	28	刺槐	人工	幼龄林	1289
6			成、过熟林	63	29			中龄林	159
7		人工	幼龄林	283	30			近熟林	94
8			中龄林	475	31			成、过熟林	93
9	油松等松类	天然	幼龄林	804	32	硬阔类	天然	幼龄林	727
10			中龄林	1450	33			中龄林	253
11			近熟林	1062	34			近、成、过熟林	236
12			成、过熟林	223	35	杨树及软阔类	人工	幼龄林	913
13		人工	幼龄林	598	36			中龄林	331
14			中龄林	1501	37			近熟林	172
15			近熟林	459	38			成、过熟林	1283
16			成、过熟林	80	39	混交林	天然	幼龄林、中龄林	46

（续）

序号	树种组	起源	林龄组	面积 （×10² 公顷）	序号	树种组	起源	林龄组	面积 （×10² 公顷）
17	柏木类	天然	幼龄林	266	40	灌木林	天然		14043
18			中龄林、 成、过熟林	379					
19		人工	幼龄林	332	41		人工		2131
20	栎类	天然	幼龄林	1969	42	红枣			1278
21			中龄林	1602	43	核桃			488
22			近熟林	1719	44	其他干 果林			316
23			成、过熟林	285	45	鲜果林			2993

4. 各森林生态站主要监测树种的选择确定

（1）主要监测树种选择的基础数据。各森林生态类型区监测的森林类型选择是否科学合理，是否有较强的代表性，将直接影响山西省生态服务功能评估结果的准确性。从需要监测的 41 个森林类型的分布情况来看，山西省的主要树种油松及栎类的 12 个森林类型占比最大，占乔木林的 55% 以上，在全省的分布也较广，在多个森林生态类型区中有分布，其他森林类型所占比重相对较小，分布范围也相对集中。

由于森林资源连续清查数据（一类清查）是以全省为对象，其数据无法分解到各区，所以只能选择森林资源规划设计调查（二类调查）数据进行分析。生态网络监测体系建立时山西省可利用的二类调查数据是山西省 2007 年完成的森林资源规划设计调查数据（目前正在进行的林地资源保护规划工作对原二类调查数据进行了补充调查和修正，但还没有形成全省数据，无法利用）。另外，考虑到将来要对山西省不同区域的森林生态功能进行评估，也要以二类调查数据为支撑。所以本研究以二类数据为基础，分区进行各监测树种和森林类型的统计分析，从而选择确定出各站的监测对象。

（2）主要监测树种选择确定的步骤。以二类调查数据库为基础，筛选出山西省有林地小班的属性数据，导入地理信息系统（ARCGIS10.0），在 ARCMAP 下形成具有林地小班属性数据的山西省森林分布图层。

在 ARCMAP 下加载图层"山西省直国有林森林生态类型分区图层"，形成具有林地小班属性数据的山西省直国有林森林生态类型分区图层。在 Excel 下打开山西省直国有林森林生态类型分区图属性数据，筛选出各分区内的树种，且计算每一分区内各树种、各森林类型的面积比例，结果见表 1-3。

表 1-3　监测森林类型及比例

区	树种(组)	区内面积比例(%)	天然林 (%)					人工林 (%)				
			幼龄林	中龄林	近熟林	成熟林	过熟林	幼龄林	中龄林	近熟林	成熟林	过熟林
一区	落叶松	12.52	23.18	0.79	0.41			30.75	37.62	5.59	0.64	1.02
	杨树	50.57						8.79	3.95	9.26	25.88	52.12
	杨树矮林	18.40						1.82	0.83	2.28	9.87	85.20
	油松	7.63	1.48	2.16	0.07		0.21	47.09	34.26	10.35	4.40	
	樟子松	1.86						81.07	13.84	4.18	0.91	
二区	落叶松	15.21	18.23	4.51	0.33			43.35	27.89	4.40	0.50	0.80
	杨树	53.49						9.97	5.06	8.71	26.21	50.05
	杨树矮林	13.06						2.95	0.94	2.47	8.55	85.07
	油松	7.01	5.30	2.27	0.07		0.24	56.32	26.97	7.70	1.10	
三区	落叶松	15.70	9.39	7.21	1.45			16.21	30.17	11.13	11.06	13.39
	油松	16.26	6.15	1.39	0.40			54.37	27.43	8.42	1.83	
	杨树	37.46						0.12	3.20	32.47	34.50	29.71
	山杨	18.03	0.52	52.88	20.84	18.03	7.07		0.10	0.41	0.10	0.06
四区	落叶松	31.97	23.90	33.68	1.85			9.93	15.47	6.52	5.09	3.58
	山杨	13.25	1.38	3.25	36.46	30.83	0.41	0.04	3.84	20.63	1.90	1.25
	杨树	14.34						0.57	5.75	19.89	43.73	30.05
	油松	10.02	1.66	33.27	2.29	0.92	0.29	6.15	19.98	4.31	21.53	9.61
	云杉	19.77	6.58	5.51				40.11	32.53	8.32	6.95	

（续）

区	树种(组)	区内面积比例(%)	天然林(%)					人工林(%)				
			幼龄林	中龄林	近熟林	成熟林	过熟林	幼龄林	中龄林	近熟林	成熟林	过熟林
五区	油松	23.83	4.13	14.19	16.69	21.96		16.74	13.74	7.49	4.84	0.22
	辽东栎	21.72	8.91	64.38	24.77	0.46			0.70	0.19	0.37	0.22
	山杨	15.41	0.82	1.25	4.86	14.01	75.75	0.07		0.04	1.26	1.94
	落叶松	9.50	9.93	17.86	0.06			32.71	37.45	1.85	0.05	0.09
	侧柏（白皮松）	8.94	45.87					50.67		2.20	1.27	
	刺槐	8.22	0.01	0.10	0.70	0.33	1.24	3.70	2.38	12.26	62.52	16.77
六区	油松	37.03	7.02	28.98	11.62	14.02	1.44	4.54	13.41	11.35	5.88	1.74
	辽东栎	15.32	25.23	40.23	20.36	0.35		0.01	10.06	1.71	1.89	0.17
	落叶松	15.12	24.32	22.04	1.35			19.51	26.99	4.31	1.16	0.31
	山杨	10.72	1.10	2.12	4.89	20.51	65.55	0.19	0.82	0.10	2.26	2.45
	白桦	5.72	0.88	1.80	2.86	28.46	54.42	1.66	0.98	0.23	3.01	5.72
	侧柏（白皮松）	5.33	34.33					47.92	6.46	1.83	9.46	
七区	侧柏（白皮松）	16.98			98.20						1.80	
	刺槐	8.81			16.80						83.23	
	辽东栎	40.24			99.35						0.65	
	油松	20.79			63.77						36.23	
八区	白桦、山杨	19.94	14.44	24.72	10.52		26.52	28.02	10.04	4.00	3.34	59.87
	落叶松	38.83	16.09	7.53	0.27				44.42	22.01	7.82	0.45
	油松	29.71	11.14	1.91	0.07		0.04	0.06	50.62	29.16	3.82	0.08

（续）

区	树种(组)	区内面积比例(%)	天然林 (%)					人工林 (%)				
			幼龄林	中龄林	近熟林	成熟林	过熟林	幼龄林	中龄林	近熟林	成熟林	过熟林
九区	辽东栎	9.47				87.65					12.39%	
	油松	76.48	1.26	58.72%	1.47%	0.28%	0.02%	1.97%	2.67%	4.11%	29.12%	0.20%
	刺槐	9.01	0.28	1.78%	0.16%	11.58%		47.10%	35.23%	13.32%	0.85%	1.00%
十区	辽东栎	8.57	22.34	49.48%	11.74%	0.00%	0.03%	2.85%	1.82%	0.16%	0.01%	0.03%
	油松	72.66	3.28	48.83%	9.39%	0.21%	0.50%	8.53%	11.67%	13.71%	4.06%	1.30%
	侧柏（白皮松）	4.47	61.95	14.82%		0.76%		21.76%	1.22%	0.04%	5.15%	0.05%
	刺槐	5.72	5.90	2.57%	1.16%		1.37%	51.54%	19.27%	10.99%	0.02%	
	檀子木	6.58	52.80	37.61%	6.50%		1.25%	0.88%	0.88%	0.06%	0.39%	
十一区	辽东栎	11.50	33.59	26.36%	24.81%		12.56%	0.76%	1.14%	0.38%	0.27%	
	栓皮栎	13.68	39.79	31.33%	15.34%		1.31%	4.09%	7.64%	0.22%	2.58%	
	油松	46.64	7.03	32.67%	9.98%		0.80%	11.09%	19.16%	16.64%		
	硬阔	1.05	15.42	21.97%	13.62%		4.98%	19.93%	22.45%	1.62%		

比较分区内各树种的面积大小，选择面积大且具典型代表性的树种作为分区内需要监测的树种。结合各树种的自然分布区域，综合考虑确定各生态站的主要监测树种。

（3）各站的主要监测树种。

管涔国有林管理局芦芽山自然保护区云杉落叶松森林生态站位于吕梁山山脉的北部，属于吕梁山土石山区，温度<7.5℃，降水400～500毫米的区域。根据国家级生态站的发展规划及布局要求，认为应该在芦芽山建立一个国家级生态站，所以将芦芽山生态站作为申请国家级生态站的基础工程进行建设。重点进行云杉、落叶松等森林生态系统在这一生态区域的生态效益监测。

杨树局金沙滩林场杨树油松人工林森林生态系统定位研究站位于山西北部防风固沙区，属于风沙区，温度<7.5℃，降水400～500毫米的区域，重点进行杨树、樟子松、油松等森林生态系统在风沙区这一特殊生态区域的生态效益监测。

关帝山国有林管理局龙兴林场油松栎类森林生态系统定位研究站位于吕梁山山脉南部，属于吕梁山土石山区，温度7.5～10℃，降水400～500毫米的区域，重点进行油松、栎类这一地带性森林生态系统在吕梁山山脉的生态效益进行监测。

中条山国有林管理局太宽河自然保护区栎类硬阔混交林森林生态系统定位研究站位于山西的最南端中条山区，属于东部土石山区，温度>10℃，降水>500毫米的区域，中条山是太行山的重要支脉，区内有山西唯一的原始森林，树种及森林生态系统复杂，重点进行栎类硬阔混交林森林生态系统的生态效益监测。

山西省林业职业技术学院东山实验林场城市森林生态系统定位研究站位于太原市区，属于中南部盆地区，温度7.5～10℃，降水400～500毫米的区域，重点监测森林生态系统在省会太原为主的城市森林生态系统监测。

五台山国有林管理局伯强林场云杉落叶松森林生态系统定位研究站，位于太行山北端，属于东部土石山区，温度<7.5℃，降水400～500毫米的区域，重点进行云杉、落叶松等森林生态系统在这一生态区域的生态效益监测。

太行山国有林管理局平松林场油松栎类森林生态系统定位研究辅站位于太行山中段，属于东部土石山区，温度7.5～10℃，降水400～500毫米的区域，重点进行油松、栎类森林生态系统在太行山山脉的生态效益进行监测。

杨树局油坊林场风沙区缓坡丘陵杨树油松人工林森林生态系统定位研究站位于山西北部风沙区，属于风沙区，温度<7.5℃，降水<400毫米的区域，重点进行杨树、油松等森林生态系统在风沙区的生态效益监测。

黑茶山国有林管理局成庄沟黄土丘陵沟壑区刺槐栎类森林生态系统定位研究站位于黄土丘陵中部，属于黄土区，温度7.5～10℃，降水400～500毫米的区域，重点进行刺槐、栎类等森林生态系统在这一生态区域的生态效益监测。

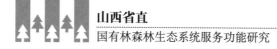

太岳山国有林管理局灵空山林场暖温带常绿针叶林和落叶阔叶林生态站，研究的典型植被为油松林和辽东栎林，属于太行山土石山区，温度7.5～10℃，降水400～500毫米的区域，太岳山作为"油松之乡"，具有重要的研究价值。

（4）各站监测森林类型及监测对象的确定。在基本确定各生态站的主要监测树种后，比较分区内由树种、起源和龄组组成的森林类型的面积、分布情况，结合现有国家站已有的森林监测类型，对全省需要监测的森林类型进行统一规划，科学布局，同时充分考虑气候和区域等方面的差异性，突出区域特色和代表性。

对面积大的10个森林类型，根据其在各区的分布情况，兼顾区域的分布和站点的平衡，确定2个或3个站进行监测，共21个监测对象。对于面积相对小的21个森林类型，以面积所占比例为主要依据，兼顾站点的平衡，确定在1个站进行监测，共21个监测对象。灌木林分天然、人工林，考虑不同区域的主要树种差异，确定在5个站进行监测，有5个监测对象。山西省现有3个国家站的8个监测森林类型，因油松等松类人工中龄林面积大、分布广，需要增加3个站进行监测，即3个监测对象。以上共计在省级站安排50个监测对象，详见表1-4。

根据以上规划，对于在确定监测森林类型时合并的树种、起源和龄组，结合其龄组面

表1-4　各站监测森林类型及监测对象

树种组	起源	龄组	面积（×10² 公顷）	监测站
云杉	天然	幼龄林	80	芦芽山站
		中龄林、近熟林	205	芦芽山站
落叶松	天然	幼龄林	48	芦芽山站
		中龄林	64	芦芽山站
		近熟林	125	五台山站
		成、过熟林	63	芦芽山站
	人工	幼龄林	283	五台山站
		中龄林	475	芦芽山站、关帝山站
油松等松类	天然	幼龄林	804	太岳山站
		中龄林	1450	关帝山站、太行林局站
		近熟林	1062	中条山站、关帝山站
	人工	幼龄林	598	太原站、杨树局右玉站、杨树局金沙滩站
		中龄林	1501	太原站、中条山站、杨树局金沙滩站
		近熟林	459	太行林局站、关帝山站
柏木类	天然、人工	幼龄林	598	黑茶山站、太行林局站

（续）

树种组	起源	龄组	面积（×10² 公顷）	监测站
栎类	天然	幼龄林	1969	关帝山站、太行林局站
		中龄林	1602	中条山站、关帝山站
		近熟林	1719	中条山站、黑茶山站
桦木、山杨类	天然	幼龄林	378	关帝山站
		中龄林	415	五台山站
		近熟林	285	关帝山站
刺槐	人工	幼龄林	1289	黑茶山站
		中龄林	159	黑茶山站
		近熟林	94	太原站
硬阔类	天然	幼龄林	727	中条山站
		中龄林	253	中条山站
		近熟林、成熟林、过熟林	236	中条山站
杨树及软阔类	人工	幼龄林	913	杨树局右玉站
		中龄林	331	杨树局金沙滩站、太原站
		成熟林、过熟林	1283	杨树局金沙滩站、杨树局右玉站
混交林	天然	幼龄林、中龄林	46	中条山站
灌木林	天然		14043	关帝山站、太行林局站、杨树局右玉站
	人工		2131	杨树局金沙滩站、杨树局右玉站

积和分布特点，确定监测森林类型的具体树种、龄组等。

（5）监测样地的选择。确定各站监测的森林类型后，下一步的关键问题就是如何选择监测样地进行观测设施的布设。森林生态站观测设施的布设主要考虑森林生态站区域内地带性森林类型的观测需求，选择最具有代表性的林分。通过对区内小班主要林分生长因子（平均胸径和平均树高）加权平均，计算出区内该森林类型的平均值，如果某小班的生长因子接近于此平均值，说明该小班在该区内具有很好的代表性，因此，将其作为在区内选择监测地的重要参考。在样地选择布设时，可根据分区内林分的主要特征（平均树高和平均胸径）数据再结合地貌、坡度、坡向、岩性、土壤等确定。各站区主要监测森林类型的林分因子特征参考值见表1-5。

表1-5 各站主要监测森林类型及特征参考

序号	站名	森林生态类型	特征参考值	
			平均胸径（厘米）	平均树高（米）
1	芦芽山站（6）	云杉天然中龄林	17	14.3
		落叶松人工幼龄林	7.9	4.4
		落叶松人工中龄林	11.7	7.6
		落叶松天然幼龄林	14.1	8.6
		云杉天然幼龄林	17.9	13.3
		落叶松天然中龄林	22.4	17.1
2	关帝站（8）	油松天然中龄林	14.3	7.7
		桦木、山杨天然幼龄林	11.4	8.3
		桦木、山杨天然近熟林	11	6.6
		落叶松人工中龄林	9.5	6.6
		油松天然近熟林	15.6	9.6
		栎类天然幼龄林	8	5.5
		栎类天然中龄林	10	7.4
		天然灌木林		
3	杨树局金沙滩站（6）	杨树人工中龄林	7.8	5.3
		杨树人工成、过熟林	12.5	6.6
		油松等松类(樟子松)人工中龄林	8.9	4.3
		油松人工幼龄林	8.8	4.6
		人工灌木林		
		天然灌木林		
4	中条站（8）	油松天然近熟林	15.6	9.6
		硬阔类天然中龄林	10	6.5
		硬阔类天然近熟林	9.1	5.8
		松栎天然混交幼龄林	9.5	5.1
		硬阔类天然幼龄林	8.5	6.2
		栎类天然中龄林	12.1	6.7
		栎类天然近熟林	12.4	7.5
		油松等松类人工中龄林	14.4	8.3

（续）

序号	站名	森林生态类型	特征参考值	
			平均胸径（厘米）	平均树高（米）
5	太原站（4）	油松等松类人工幼龄林	9.2	6.2
		油松等松类人工中龄林	14.4	8.3
		刺槐人工近熟林	10.8	5.8
		杨树等软阔类人工中龄林	14.5	9.8
6	五台山站（3）	落叶松天然近熟林	20.4	15.5
		落叶松天然成熟林	25.2	15.5
		桦木、山杨天然中龄林	13.7	7.8
7	太行林局站（5）	油松等松类人工近熟林	14	7.6
		油松等松类天然中龄林	13.2	7.1
		栎类天然幼龄林	5.1	4.4
		天然灌木林		
		柏木天然林幼龄林		
8	杨树局右玉站（5）	油松等松类人工幼龄林	6.4	3.6
		杨树等软阔类人工幼龄林	9.8	4.7
		杨树等软阔类人工成、过熟林	12.6	6.6
		人工灌木林		
		天然灌木林		
9	太岳山站（1）	油松天然幼龄林	10.6	4.6
10	黑茶山站（4）	栎类天然近熟林	12.5	8.4
		刺槐人工幼龄林	6.3	2.3
		刺槐人工中龄林	9.2	5.2
		柏木类天然幼龄林	3	2.6

（六）建设内容与规模

山西省直国有林森林生态系统监测网络建设将以山西省现有的1个国家站，新建9个省级森林生态站为基础。森林生态站工程建设项目由观测设施、综合实验室、辅助设施、仪器设备等部分组成。

本建设内容参照《森林生态站工程项目建设标准》（试行）进行安排，各项内容的建设规模主要是按照近期建设的任务进行规划，对于中长期的建设任务暂时不进行规划，近期任务基本完成以后，根据社会、经济及科学技术等发展水平再进行具体的规划。

1. 观测设施

根据山西省级站的建设需要，观测设施主要进行集水区、水量平衡场、径流场、固定样地、气象观测场、综合观测塔等的建设。

（1）固定样地。在50个选择的监测样地中，各设置面积1.0公顷的观测标准样地1个，四角埋设条石或PC管标记、周边绳圈。用GPS确定样地及被测林木地理位置、海拔高度；破坏性调查不能在该固定样地内进行；所有的野外试验设施应处于样地外。共需要建设50块固定样地。

（2）集水区。分别在山西省林业职业技术学院东山实验林场和管涔山国有林管理局芦芽山自然保护区森林生态系统定位观测站各选择1个面积为100000~2000000平方米的自然闭合的封闭区，建立森林流域集水区，集水区与周围没有水平的水分交换，即自然分水线清楚、底层为不透水层、地质条件一致、生物群落与周边更大范围的生物群落相一致。生态系统的全部水分将经集水区出口处基岩上所修筑的测流堰流出。为了便于长期观测，还需建一间20平方米观测房，并建立相应的实验平台等。共建设了2个集水区观测及配套设施。

（3）水量平衡场。在5个省级生态站各建1个水量平衡场。选择一个有代表性的封闭小区，与周围没有水平的水分交换。建筑在土壤层下面具有黏土或重壤土构成的不透水层的地方。水量平衡场的地上部分形状、结构、尺寸与坡面径流场相类似，四周用混凝土筑隔水墙直插入不透水层，地面上高出25厘米；地表水和地下水的集水槽分开装置。设有水井观测地下水位的变化。共建设了5个水量平衡场。

（4）径流场。每个站选择1~3个在区域内有代表性的树种的森林类型进行径流场的建设。在具体确定各站建设径流场的森林类型时，考虑了以下几方面的因素：①在国家生态站中已建有径流场的森林类型一般不再考虑；②在区域内的其他工程监测点中已建有径流场的森林类型，暂时先不考虑进行径流场的建设；③北部风沙区进行风蚀和沙埋监测，不进行地表径流场建设；④综合考虑各站的建设任务，进行统一规划。

经综合考虑以上因素，在15个森林类型监测对象中建设了径流场。径流场选择在与监测样地基本一致的小班中。

另外，根据各生态站的自然地理条件，共建设了7个对照径流场。总共建设径流场22座。

径流场呈长方形，面积200平方米，宽10米、长20米，径流场在坡面上布置，以长边垂直于等高线，短边沿着等高线。斜坡边长应根据实际坡度改算。径流场四周都用混凝土修筑护埂，中上部的护埂应高出地面30厘米以上，下部应高出地面40~50厘米。径流场下部设置出水管或集水槽将径流引入接流池。

（5）综合观测塔。在芦芽山森林生态站和太原市城市森林生态站中各建了1个综合观

测塔，建设高度根据综合观测塔高度不应低于林冠层的 1.5 ～ 2 倍，一般情况下不应低于
20 米 的原则进行。结合两个林冠层的不同，芦芽山森林生态站建设的综合观测塔高度为 35
米，而太原站综合观测塔的高度为 25 米。塔底面积为 1 米 ×1 米 。芦芽山森林生态站综合
观测塔除安装了梯度气象观测设施外，还安装了涡动观测设施。

（6）气象观测场。在 5 个省级生态站中各建了 1 个地面气象观测场和 2 个林内气象观
测场，其余 4 个省级生态站各建 1 个地面气象观测场和 1 个林内气象观测场，建设规格为
16 米（东西向）×20 米（南北向）的观测场，观测场四周塑钢材料做围栏，高度 1.2 米。
共建设了 9 个地面气象观测场和 14 个林内气象观测场。

地面气象观测场全部设在能较好地反映本区较大范围气象要素特点的地方，避免局部
地形的影响；观测场四周相对空旷平坦，避免设在陡坡、洼地或临近有公路、工矿、烟囱、
高大建筑物的地方；观测场设在最多风向的上风方向，边缘与四周孤立障碍物距离大于该障
碍物高度的 3 倍以上；距成排障碍物距离大于其高度的 10 倍以上；距较大的水体的最高水
位线距离大于 100 米。观测场四周 10 米范围内不能种植高杆植物。

林内气象观测场选择考虑：①气候、土壤、地形、地质、生物、水分和林分、树种等具
有广泛的代表性；②不能跨越两个林分，要避开道路、小河、防火道、林缘；③林分标准地
的形状应为正方形或长方形，林木在 200 株以上。

（7）城市森林大气环境监测设施。根据城市森林大气环境监测的需要，在太原市森林
公园内选择不同森林类型，进行大气环境监测设施的建设。

（8）风蚀和沙埋监测。设置 1 公顷的观测样地，进行风蚀量、风沙输移量和沙埋深度
等监测。

2. 综合实验室

根据资金投入情况，未进行综合实验楼的建设，但为了开展工作和实验需要，通过与
所在单位协商，由所在单位提供实验所需的房屋，本项目对所提供房屋进行了改造及装修
等建设，采用合作共建的方式解决。共维修和改造实验室 740 平方米。

3. 仪器设备

根据《森林生态站工程项目建设标准》《森林生态系统定位研究站建设技术要求》和
各站森林类型监测情况，共需要购置 132 台（个、套）仪器设备，其中：气象设备包括
Campbell 自动气象站、HOBO 自动气象站、梯度气象观测塔传感器、CPR-KA 空气自动监
测仪、AMMS-100 大气多金属分析仪、AIC1000 负离子浓度仪、XK-8928 噪声检测仪等 49
台（个、套）；水文设备包括 QYJL006 便携式地表坡面径流自动监测仪、自动记录水位计、
FLGS-TDP 插针式植物茎流计、YSI ProPlus 便携式水质分析仪等 33 台（个、套）；土壤设
备包括 EM 50 土壤温湿测定仪、BL-SCB 风蚀自动观测采集系统、TRIME-PICO64 便携式土
壤水分测量仪、U50 便携式的水质分析仪、SC-900 土壤紧实度仪等 15 台（个、套）；生物

设备包括 CD03 型便携激光叶面积仪、LINTAB 年轮分析仪 2 台（个、套），调查及数据管理设备包括数据管理及远程传输设备、其他林业资源调查、测量仪器 33 台（个、套）等。

4. 辅助设施

根据项目建设的需要，主要的辅助设施有观测用车、水暖气及通讯设施、标志牌、围墙、宽带和网络等。

二、山西省直国有林森林生态连清监测评估标准体系

山西省直国有林森林生态连清监测评估所依据的标准体系包括从森林生态系统服务监测站点建设到观测指标、观测方法、数据管理乃至数据应用各个阶段的标准（图 1-7）。

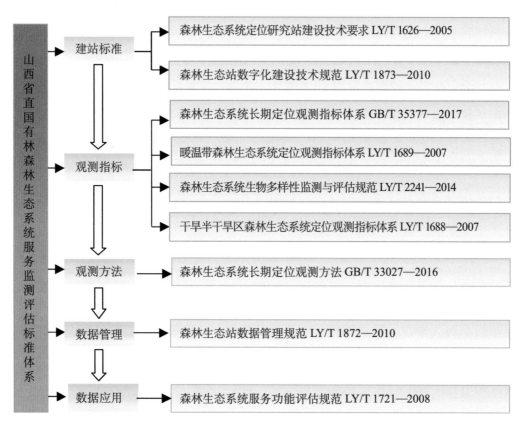

图 1-7 山西省直国有林森林生态系统服务监测评估标准体系

山西省直国有林森林生态系统服务监测站点建设、观测指标、观测方法、数据管理及数据应用的标准化保证了不同站点所提供山西省直国有林森林生态连清数据的准确性和可比性，为山西省直国有林森林生态系统服务评估的顺利进行提供了保障。

第二节　分布式测算评估体系

一、分布式测算方法

分布式测算源于计算机科学，是研究如何把一项整体复杂的问题分割成相对独立运算的单元，并将这些单元分配给多个计算机进行处理，最后把这些计算结果综合起来，统一合并得出结论的一种计算科学（Hagit Attiya，2008）。随着科学的发展，分布式测算已成为一种廉价的、高效的、维护方便的计算方法。

森林生态系统服务功能的测算是一项非常庞大、复杂的系统工程，很适合划分成多个均质化的生态测算单元开展评估（Niu 等，2013；Niu and Wang，2013）。因此，分布式测算方法是目前评估森林生态系统服务所采用的较为科学有效的方法，通过诸多森林生态系统服务功能评估案例也证实了分布式测算方法能够保证结果的准确性及可靠性（牛香等，2012）。

基于分布式测算方法，评估山西省直国有林森林生态系统服务功能的具体思路为：首先将山西省直国有林按森林管理权限划分为杨树丰产林局、管涔山国有林管理局、五台山国有林管理局、黑茶山国有林管理局、关帝山国有林管理局、吕梁山国有林管理局、太岳山国有林管理局、中条山国有林管理局、太行山国有林管理局、山西林业职业技术学院东山实验林场 10 个一级测算单元；每个一级测算单元又按不同优势树种(组)划分成油松、栎类、杨树及软阔类、落叶松、槐类、柏木类、桦木山杨类、云杉、硬阔类、针叶混交林、阔叶混交林、针阔混交林、经济林、灌木林等 14 个二级测算单元；每个二级测算单元按照不同起源划分为天然林和人工林 2 个三级测算单元；每个三级测算单元再按龄组划分为幼龄林、中龄林、近熟林、成熟林、过熟林 5 个四级测算单元，再结合不同立地条件的对比观测，最终确定了 1400 个相对均质化的生态服务功能评估单元（图 1-8）。

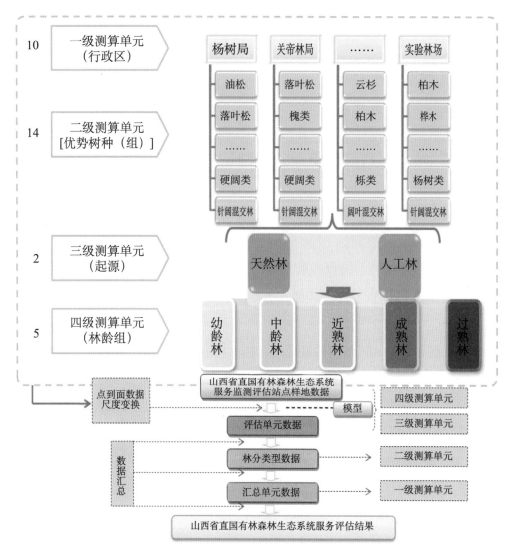

图1-8　山西省直国有林森林生态服务功能评估分布式测算方法

二、监测评估指标体系

森林生态系统是地球生态系统的主体，其生态服务功能体现于生态系统和生态过程所形成的有利于人类生存与发展的生态环境条件与效用。如何真实地反映森林生态系统服务的效果，观测评估指标体系的建立非常重要（Palmer等，2004；Sutherland等，2006；Wang等，2004，2012，2013；Xue等，2013）。

在满足代表性、全面性、简明性、可操作性以及适应性等原则的基础上，通过总结近年的工作及研究经验，本次评估选取的测算评估指标体系包括涵养水源、保育土壤、固碳释氧、林木积累营养物质、净化大气环境、生物多样性保护、森林游憩7项功能20个指标（图1-9）。其中，森林防护、降低噪音等指标的测算方法尚未成熟，因此本研究未涉及它们的功能评估。基于相同原因，在吸收污染物指标中不涉及吸收重金属的功能评估。

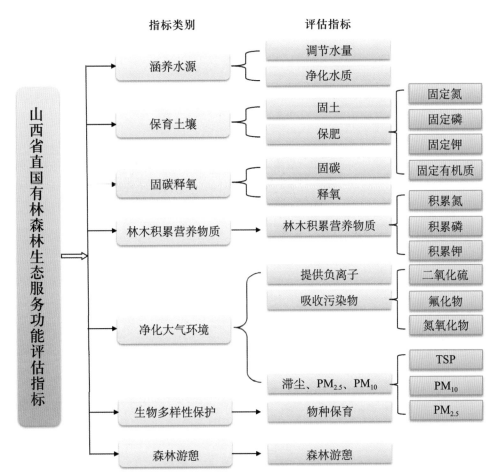

图 1-9　山西省直国有林森林生态系统服务功能评估指标体系

三、数据来源与集成

山西省直国有林森林生态系统服务功能评估分为物质量和价值量两大部分。物质量评估所需数据来源于山西省直国有林森林生态连清数据集和 2016 年山西省直国有林森林资源数据集；价值量评估所需数据除以上两个来源外，还包括社会公共数据集（图 1-10）。

主要的数据来源包括以下三部分：

1. 山西省直国有林森林生态连清数据集

山西省直国有林森林生态连清数据主要来源于山西省森林生态监测网络体系和国家级森林生态系统定位观测研究站共 13 个森林生态站的监测结果。依据中华人民共和国林业行业标准《森林生态系统服务功能评估规范》（LY/T 1721—2008）、中华人民共和国国家标准《森林生态系统长期定位观测方法》（GB/T 33027—2016）和林业行业标准《森林生态站数据管理规范》（LY/T 1872—2010）等开展观测得到山西省直国有林森林生态连清数据（表 1-6）。

13个森林生态站和若干辅助观测站点等大量固定样地积累的长期定位连续观测研究数据

山西省直国有林森林资源调查数据

权威机构公布的社会公共资源数据

森林资源连清数据集	·林分面积 林分蓄积量年增长量 林分采伐消耗量
森林生态连清数据集	·年降水量 林分蒸散量 非林区降水量 无林地蒸发散 森林土壤侵蚀模数 无林地土壤侵蚀模数 土壤容重 土壤含氮量 土壤有机质含量 土层厚度 土壤含钾量 泥沙容重 生物多样性指数 蓄积量/生物量 吸收二氧化硫能力 吸收氟化物能力 滞尘能力 木材密度
社会公共数据集	·水库库容造价 水质净化费用 挖取单位面积土方费用 磷酸二铵含氮量 磷酸二铵含磷量 氯化钾含钾量 磷酸二铵化肥价格 氯化钾化肥价格 有机质价格 固碳价格 制造氧气价格 负氧离子产生费用 二氧化硫治理费用 氟化物治理费用 氮氧化物治理费用 降尘清理费用 PM₁₀造成健康危害经济损失 PM₂.₅造成健康危害经济损失 生物多样性保护价值

图1-10 数据来源与集成

表1-6 山西省直国有林森林生态系统监测网络数据指标

指标类别		观测指标
水文指标	水量	林内降水量、林内降水强度、穿透水、树干径流量、地表径流量、地下水位、枯枝落叶层含水量
	水质	pH值、水温、电导率、钙离子、镁离子、化学需养量、生物需氧量、浑浊度（TSS）、氨氮、硝态氮、总氮、总磷、重金属元素和有机污染物
土壤指标	物理性质	土壤类型、土层厚度、土壤容重、土壤总孔隙度、毛管孔隙度、非毛管孔隙度
	化学性质	土壤pH值、有机碳储量、全氮、碱解氮、全磷、有效磷、全钾、速效钾、全镁、有效态镁、全钙、有效钙、重金属元素（Pb、Cd、As）、有机污染物、土壤呼吸速率
	森林枯落物	厚度
气象指标	风	作用在森林表面的风速、风向
	空气温湿度	最低温度、最高温度、定时温度、相对湿度
	地表面和不同深度土壤温湿度	地表定时温、湿度；10厘米深度、20厘米深度、40厘米深度、60厘米深度温湿度
	辐射	总辐射量、净辐射量、紫外辐射、光合有效辐射
	大气降水	降水总量、降水强度

（续）

指标类别		观测指标
生物群落指标	森林群落结构	森林群落年龄、森林群落的起源、森林群落的平均树高、森林群落的平均胸径、森林群落的密度、森林群落的树种组成、森林群落植物种类、数量、郁闭度、群落主林层的叶面积指数、林下植被平均高、林下植被总盖度
	乔木层生物量和林木生长量	树高年生长量、胸径年生长量、乔木层各器官生物量、灌木层、草本层地上和地下部分生物量

2. 山西省直国有林森林资源连清数据集

根据中华人民共和国森林资源调查管理办法，一类资源数据是国家尺度上使用的资源数据，是省级层面总体资源情况的反映；而二类资源数据是以小班为单元，可以按照管理权限进行统计的资源数据。本次省直国有林管理局（场）森林生态效益评估采用的是 2016 年年底的林地变更数据，并根据 2015 年度一类资源清查规则进行汇总，同时利用 2015 年度一类资源调查结果进行总控，确定各林局林地总面积以及各类林地面积。同时把一类资源调查的 9915 块固定样地经纬度绘制在山西省地图上，判定样地所属林局（场），加上省级生态站建设过程中调查的 50 块大样地（1 公顷 / 块）测树因子，共同确定各省直林局（场）的林分测树因子。

3. 社会公共数据集

社会公共数据来源于我国权威机构公布的社会公共数据，包括《中国水利年鉴》《中华人民共和国水利部水利建筑工程预算定额》、中国农业部信息网（http://www.agri.gov.cn/）、中华人民共和国卫生健康委员会网站（http://www.nhfpc.gov.cn）《2017 年山西省排污费征收管理条例及收费标准及计算方法》、山西省物价局官网（http://www.hpin.gov.cn）等。

四、森林生态功能修正系数

在野外数据观测中，研究人员仅能够得到观测站点附近的实测生态数据，对于无法实地观测到的数据，则需要一种方法对已经获得的参数进行修正，因此引入了森林生态功能修正系数（Forest Ecological Function Correction Coefficient，简称 FEF-CC）。FEF-CC 指评估林分生物量和实测林分生物量的比值，它反映了森林生态系统服务评估区域森林的生态质量状况，还可以通过森林生态功能的变化修正森林生态系统服务的变化。

森林生态系统服务价值的合理测算对绿色国民经济核算具有重要意义，社会进步程度、经济发展水平、森林资源质量等对森林生态系统服务功能均会产生一定影响，而森林自身结构和功能状况则是体现森林生态系统服务功能可持续发展的基本前提。"修正"作为一种状态，表明系统各要素之间具有相对"融洽"的关系。当用现有的野外实测值不能代表同一生态单元同一目标优势树种（组）的结构或功能时，就需要采用森林生态功能修正系数客观地从生态学精度的角度反映同一优势树种（组）在同一区域的真实差异。其理论公式为：

$$FEF\text{-}CC = \frac{B_e}{B_o} = \frac{BEF \cdot V}{B_o} \tag{1-2}$$

式中：FEF-CC——森林生态功能修正系数；

B_e——评估林分的生物量（千克／立方米）；

B_o——实测林分的生物量（千克／立方米）；

BEF——蓄积量与生物量的转换因子；

V——评估林分的蓄积量（立方米）。

实测林分的生物量可以通过森林生态连清的实测手段来获取，而评估林分的生物量在山西省森林资源二类调查结果中还没有完全统计。因此，通过评估林分蓄积量和生物量转换因子，测算评估林分的生物量（方精云等，1996，1998，2001）。

五、贴现率

山西省直国有林森林生态系统服务功能价值量评估中，由物质量转换价值量时，部分价格参数并非评估年价格参数，因此需要使用贴现率（Discount Rate）将非评估年价格参数换算为评估年份价格参数以计算各项功能价值量的现价。

山西省直国有林森林生态系统服务功能价值量评估中所使用的贴现率指将未来现金收益折合成现在收益的比率。贴现率是一种存贷款均衡利率，利率的大小，主要根据金融市场利率来决定，其计算公式为：

$$t = (D_r + L_r) / 2 \tag{1-3}$$

式中：t——存贷款均衡利率（%）；

D_r——银行的平均存款利率（%）；

L_r——银行的平均贷款利率（%）。

贴现率利用存贷款均衡利率，将非评估年份价格参数，逐年贴现至评估年 2016 年的价格参数。贴现率的计算公式为：

$$d = (1 + t_{n+1})(1 + t_{n+2}) \cdots (1 + t_m) \tag{1-4}$$

式中：d——贴现率；

t——存贷款均衡利率（%）；

n——价格参数可获得年份（年）；

m——评估年份（年）。

六、核算公式与模型包

（一）涵养水源功能

森林涵养水源功能主要是指森林对降水的截留、吸收和贮存，将大气降水进行再分配的作用（图 1-11）。主要功能表现在增加可利用水资源、净化水质和调节径流三个方面。本研究选定 2 个指标，即调节水量指标和净化水质指标，以反映森林的涵养水源功能。

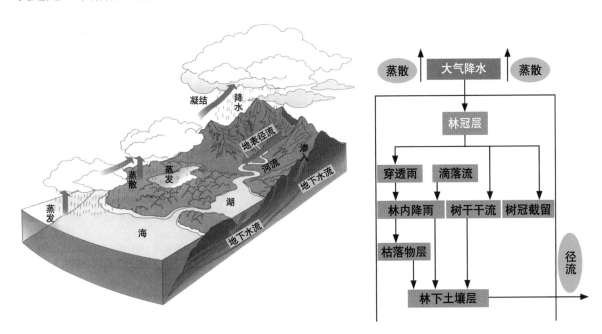

图 1-11　全球水循环及森林对降水的再分配示意

1. 调节水量指标

（1）年调节水量。森林生态系统年调节水量公式为：

$$G_{调} = 10A \cdot (P - E - C) \cdot F \qquad (1\text{-}5)$$

式中：$G_{调}$——实测林分年调节水量（立方米 / 年）；

　　　P——实测林外降水量（毫米 / 年）；

　　　E——实测林分蒸散量（毫米 / 年）；

　　　C——实测地表快速径流量（毫米 / 年）；

　　　A——林分面积（公顷）；

　　　F——森林生态功能修正系数。

（2）年调节水量价值。森林生态系统年调节水量价值根据水库工程的蓄水成本（替代工程法）来确定，采用如下公式计算：

$$U_{调} = 10C_{库} \cdot A \cdot (P - E - C) \cdot F \cdot d \qquad (1\text{-}6)$$

式中：$U_调$——实测森林年调节水量价值（元／年）；

　　　　$C_库$——水库库容造价（元／立方米，见附表）；

　　　　P——实测林外降水量（毫米／年）；

　　　　E——实测林分蒸散量（毫米／年）；

　　　　C——实测地表快速径流量（毫米／年）；

　　　　A——林分面积（公顷）；

　　　　F——森林生态功能修正系数；

　　　　d——贴现率。

2. 年净化水质指标

（1）年净化水量。森林生态系统年净化水量采用年调节水量的公式：

$$G_调 = 10A \cdot (P-E-C) \cdot F \tag{1-7}$$

式中：$G_调$——实测林分年调节水量（立方米／年）；

　　　　P——实测林外降水量（毫米／年）；

　　　　E——实测林分蒸散量（毫米／年）；

　　　　C——实测地表快速径流量（毫米／年）；

　　　　A——林分面积（公顷）；

　　　　F——森林生态功能修正系数。

（2）净化水质价值。森林生态系统年净化水质价值根据净化水质工程的成本（替代工程法）计算，公式为：

$$U_{水质} = 10K_水 \cdot A \cdot (P-E-C) \cdot F \cdot d \tag{1-8}$$

式中：$U_{水质}$——实测林分净化水质价值（元／年）；

　　　　$K_水$——水的净化费用（元／立方米，见附表）；

　　　　P——实测林外降水量（毫米／年）；

　　　　E——实测林分蒸散量（毫米／年）；

　　　　C——实测地表快速径流量（毫米／年）；

　　　　A——林分面积（公顷）；

　　　　F——森林生态功能修正系数；

　　　　d——贴现率。

（二）保育土壤功能

森林凭借庞大的树冠、深厚的枯枝落叶层及强壮且成网络的根系截留大气降水，减少或免遭雨滴对土壤表层的直接冲击，有效地固持土体，降低了地表径流对土壤的冲蚀，使土壤流失量大大降低。而且森林的生长发育及其代谢产物不断对土壤产生物理及化学影响，参与土体内部的能量转换与物质循环，使土壤肥力提高，森林是土壤养分的主要来源之一（图1-12）。为此，本研究选用2个指标，即固土指标和保肥指标，以反映森林保育土壤功能。

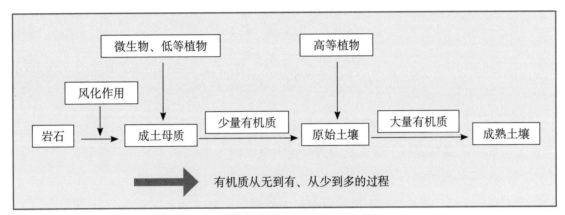

图 1-12　植被对土壤形成的作用

1. 固土指标

（1）年固土量。林分年固土量公式为：

$$G_{固土} = A \cdot (X_2 - X_1) \cdot F \tag{1-9}$$

式中：$G_{固土}$——实测林分年固土量（吨/年）；

　　　X_1——有林地土壤侵蚀模数 [吨/(公顷·年)]；

　　　X_2——无林地土壤侵蚀模数 [吨/(公顷·年)]；

　　　A——林分面积（公顷）；

　　　F——森林生态功能修正系数。

（2）年固土价值。由于土壤侵蚀流失的泥沙淤积于水库中，减少了水库蓄积水的体积，因此本研究根据蓄水成本（替代工程法）计算林分年固土价值，公式为：

$$U_{固土} = A \cdot C_土 \cdot (X_2 - X_1) \cdot F \cdot d / \rho \tag{1-10}$$

式中：$U_{固土}$——实测林分年固土价值（元/年）；

　　　X_1——有林地土壤侵蚀模数 [吨/(公顷·年)]；

　　　X_2——无林地土壤侵蚀模 [吨/(公顷·年)]；

　　　$C_土$——挖取和运输单位体积土方所需费用（元/立方米，见附表）；

　　　ρ——土壤容重（克/立方厘米）；

　　　A——林分面积（公顷）；

　　　F——森林生态功能修正系数；

d——贴现率。

2. 保肥指标

（1）年保肥量。林分年保肥量公式为：

$$G_N = A \cdot N \cdot (X_2 - X_1) \cdot F \tag{1-11}$$

$$G_P = A \cdot P \cdot (X_2 - X_1) \cdot F \tag{1-12}$$

$$G_K = A \cdot K \cdot (X_2 - X_1) \cdot F \tag{1-13}$$

$$G_{有机质} = A \cdot M \cdot (X_2 - X_1) \cdot F \tag{1-14}$$

式中：G_N——森林固持土壤而减少的氮流失量（吨／年）；

　　　　G_P——森林固持土壤而减少的磷流失量（吨／年）；

　　　　G_K——森林固持土壤而减少的钾流失量（吨／年）；

　　　　$G_{有机质}$——森林固持土壤而减少的有机质流失量（吨／年）；

　　　　X_1——有林地土壤侵蚀模数［吨／（公顷·年）］；

　　　　X_2——无林地土壤侵蚀模数［吨／（公顷·年）］；

　　　　N——森林土壤含氮量（%）；

　　　　P——森林土壤含磷量（%）；

　　　　K——森林土壤含钾量（%）；

　　　　M——森林土壤平均有机质含量（%）；

　　　　A——林分面积（公顷）；

　　　　F——森林生态功能修正系数。

（2）年保肥价值。年固土量中氮、磷、钾的数量换算成化肥即为林分年保肥价值。本研究的林分年保肥价值以固土量中的氮、磷、钾数量折合成磷酸二铵化肥和氯化钾化肥的价值来体现。公式为：

$$U_{肥} = A \cdot (X_2 - X_1) \cdot \left(\frac{N \cdot C_1}{R_1} + \frac{P \cdot C_1}{R_2} + \frac{K \cdot C_2}{R_3} + M \cdot C_3 \right) \cdot F \cdot d \tag{1-15}$$

式中：$U_{肥}$——实测林分年保肥价值（元／年）；

　　　　X_1——有林地土壤侵蚀模数［吨／（公顷·年）］；

　　　　X_2——无林地土壤侵蚀模数［吨／（公顷·年）］；

　　　　N——森林土壤平均含氮量（%）；

　　　　P——森林土壤平均含磷量（%）；

　　　　K——森林土壤平均含钾量（%）；

　　　　M——森林土壤平均有机质含量（%）；

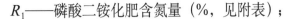
R_1——磷酸二铵化肥含氮量（%，见附表）；

R_2——磷酸二铵化肥含磷量（%，见附表）；

R_3——氯化钾化肥含钾量（%，见附表）；

C_1——磷酸二铵化肥价格（元／吨，见附表）；

C_2——氯化钾化肥价格（元／吨，见附表）；

C_3——有机质价格（元／吨，见附表）；

A——林分面积（公顷）；

F——森林生态功能修正系数；

d——贴现率。

（三）固碳释氧功能

森林与大气的物质交换主要是二氧化碳与氧气的交换，即森林固定并减少大气中的二氧化碳和提高并增加大气中的氧气（图1-13），这对维持大气中的二氧化碳和氧气动态平衡、减少温室效应以及为人类提供生存的基础均有巨大和不可替代的作用（Wang 等，2013）。为此本研究选用固碳、释氧2个指标反映森林生态系统固碳释氧功能。根据光合作用化学反应式，森林植被每积累1.0克干物质，可以吸收1.63克二氧化碳，释放1.19克氧气。

图 1-13　森林生态系统固碳释氧作用

1. 固碳指标

（1）植被和土壤年固碳量。公式如下：

$$G_{碳} = A \cdot (1.63 R_{碳} \cdot B_{年} + F_{土壤碳}) \cdot F \tag{1-16}$$

式中：$G_{碳}$——实测年固碳量（吨／年）；

$B_年$——实测林分年净生产力 [吨 /(公顷·年)]；

$F_{土壤碳}$——单位面积林分土壤年固碳量 [吨 /(公顷·年)]；

$R_碳$——二氧化碳中碳的含量，为 27.27%；

A——林分面积（公顷）；

F——森林生态功能修正系数。

公式得出森林的潜在年固碳量，再从其中减去由于森林采伐造成的生物量移出从而损失的碳量，即为森林的实际年固碳量。

（2）年固碳价值。森林植被和土壤年固碳价值的计算公式为：

$$U_碳 = A \cdot C_碳 \cdot (1.63 R_碳 \cdot B_年 + F_{土壤碳}) \cdot F \cdot d \tag{1-17}$$

式中：$U_碳$——实测林分年固碳价值（元／年）；

$B_年$——实测林分年净生产力 [吨 /(公顷·年)]；

$F_{土壤碳}$——单位面积森林土壤年固碳量 [吨 /(公顷·年)]；

$C_碳$——固碳价格（元／吨，见附表）；

$R_碳$——二氧化碳中碳的含量，为 27.27%；

A——林分面积（公顷）；

F——森林生态功能修正系数；

d——贴现率。

公式得出森林的潜在年固碳价值，再从其中减去由于森林年采伐消耗量造成的碳损失，即为森林的实际年固碳价值。

2. 释氧指标

（1）年释氧量。林分年释氧量计算公式：

$$G_{氧气} = 1.19 A \cdot B_年 \cdot F \tag{1-18}$$

式中：$G_{氧气}$——实测林分年释氧量（吨／年）；

$B_年$——实测林分年净生产力 [吨 /(公顷·年)]；

A——林分面积（公顷）；

F——森林生态功能修正系数。

（2）年释氧价值。年释氧价值采用以下公式计算：

$$U_氧 = 1.19 C_氧 \cdot A \cdot B_年 \cdot F \cdot d \tag{1-19}$$

式中：$U_氧$——实测林分年释氧价值（元／年）；

$B_年$——实测林分年净生产力 [吨 /(公顷·年)]；

$C_氧$——制造氧气的价格（元／吨，见附表）；

A——林分面积（公顷）；

F——森林生态功能修正系数；

d——贴现率。

（四）林木积累营养物质功能

森林在生长过程中不断从周围环境吸收营养物质，固定在植物体中，成为全球生物化学循环不可缺少的环节，为此选用林木营养积累指标反映森林积累营养物质功能。

1. 林木营养物质年积累量

林木年积累氮、磷、钾的计算公式：

$$G_氮 = A \cdot N_{营养} \cdot B_年 \cdot F \tag{1-20}$$

$$G_磷 = A \cdot P_{营养} \cdot B_年 \cdot F \tag{1-21}$$

$$G_钾 = A \cdot K_{营养} \cdot B_年 \cdot F \tag{1-22}$$

式中：$G_氮$——植被固氮量（吨／年）；

$G_磷$——植被固磷量（吨／年）；

$G_钾$——植被固钾量（吨／年）；

$N_{营养}$——林木氮元素含量（%）；

$P_{营养}$——林木磷元素含量（%）；

$K_{营养}$——林木钾元素含量（%）；

$B_年$——实测林分年净生产力 [吨/（公顷·年）]；

A——林分面积（公顷）；

F——森林生态功能修正系数。

2. 林木营养年积累值

采取把营养物质折合成磷酸二铵化肥和氯化钾化肥方法计算林木营养积累价值，公式为：

$$U_{营养} = A \cdot B \cdot \left(\frac{N_{营养} \cdot C_1}{R_1} + \frac{P_{营养} \cdot C_1}{R_2} + \frac{K_{营养} \cdot C_2}{R_3} \right) \cdot F \cdot d \tag{1-23}$$

式中：$U_{营养}$——实测林分氮、磷、钾年增加价值（元／年）；

$N_{营养}$——实测林木含氮量（%）；

$P_{营养}$——实测林木含磷量（%）；

$K_{营养}$——实测林木含钾量（%）；

R_1——磷酸二铵含氮量（%，见附表）；

R_2——磷酸二铵含磷量（%，见附表）；

R_3——氯化钾含钾量（%，见附表）；

C_1——磷酸二铵化肥价格（元／吨，见附表）；

C_2——氯化钾化肥价格（元／吨，见附表）；

B——实测林分净生产力［吨/（公顷·年）］；

A——林分面积（公顷）；

F——森林生态功能修正系数；

d——贴现率。

（五）净化大气环境功能

近年灰霾天气的频繁、大范围出现，使空气质量状况成为民众和政府部门关注的焦点，大气颗粒物（如 PM_{10}、$PM_{2.5}$）被认为是造成灰霾天气的罪魁出现在人们的视野中。如何控制大气污染、改善空气质量成为众多科学家研究的热点。

森林能有效吸收有害气体、吸滞粉尘、降低噪音、提供负离子等，从而起到净化大气环境的作用（图 1-14）。为此，本研究选取提供负离子、吸收污染物（二氧化硫、氟化物和氮氧化物）、滞尘、滞纳 PM_{10} 和 $PM_{2.5}$ 等 7 个指标反映森林生态系统净化大气环境能力，由于降低噪音指标计算方法尚不成熟，所以本研究中不涉及降低噪音指标。

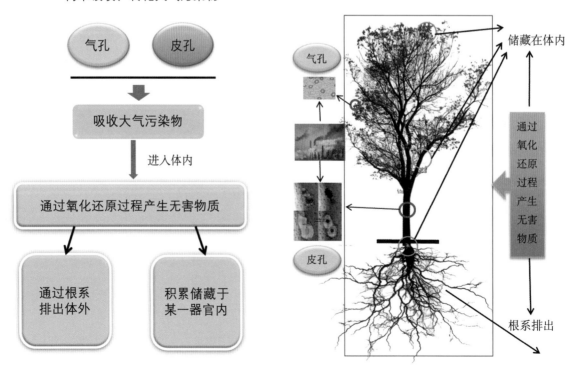

图 1-14　树木吸收空气污染物示意

1. 提供负离子指标

(1) 年提供负离子量。公式如下：

$$G_{负离子} = 5.256 \times 10^{15} \cdot Q_{负离子} \cdot A \cdot H \cdot F / L \tag{1-24}$$

式中：$G_{负离子}$——实测林分年提供负离子个数（个/年）；

$\quad Q_{负离子}$——实测林分负离子浓度（个/立方厘米）；

$\quad H$——林分高度（米）；

$\quad L$——负离子寿命（分钟，见附表）；

$\quad A$——林分面积（公顷）；

$\quad F$——森林生态功能修正系数。

(2) 年提供负离子价值。国内外研究证明，当空气中负离子达到600个/立方厘米以上时，才能有益人体健康，所以林分年提供负离子价值采用如下公式计算：

$$U_{负离子} = 5.256 \times 10^{15} \cdot A \cdot H \cdot K_{负离子} \cdot (Q_{负离子} - 600) \cdot F \cdot d / L \tag{1-25}$$

式中：$U_{负离子}$——实测林分年提供负离子价值（元/年）；

$\quad K_{负离子}$——负离子生产费用（元/个，见附表）；

$\quad Q_{负离子}$——实测林分负离子浓度（个/立方厘米）；

$\quad L$——负离子寿命（分钟，见附表）；

$\quad H$——林分高度（米）；

$\quad A$——林分面积（公顷）；

$\quad F$——森林生态功能修正系数；

$\quad d$——贴现率。

2. 吸收污染物指标

二氧化硫、氟化物和氮氧化物是大气污染物的主要物质（图1-15），因此本研究选取森林吸收二氧化硫、氟化物和氮氧化物3个指标评估森林生态系统吸收污染物的能力。森林对二氧化硫、氟化物和氮氧化物的吸收，可使用面积-吸收能力法、阈值法、叶干质量估算法等。本研究采用面积-吸收能力法评估森林吸收污染物的总量和价值。

(1) 吸收二氧化硫。主要计算林分年吸收二氧化硫的物质量和价值量。

①林分二氧化硫年吸收量计算：

$$G_{二氧化硫} = Q_{二氧化硫} \cdot A \cdot F / 1000 \tag{1-26}$$

式中：$G_{二氧化硫}$——实测林分年吸收二氧化硫量（吨/年）；

$\quad Q_{二氧化硫}$——单位面积实测林分年吸收二氧化硫量[千克/(公顷·年)]；

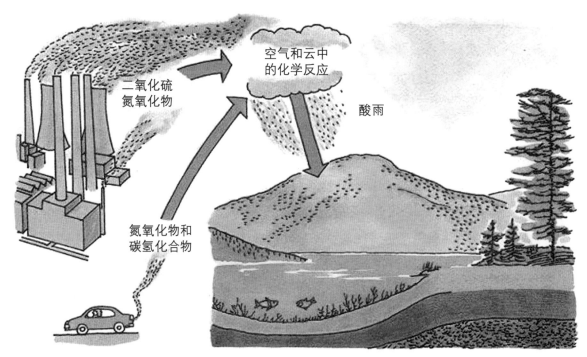

图 1-15　污染气体的来源及危害

　　　A——林分面积（公顷）；

　　　F——森林生态功能修正系数。

②年吸收二氧化硫价值计算：

$$U_{二氧化硫} = K_{二氧化硫} \cdot Q_{二氧化硫} \cdot A \cdot F \cdot d \tag{1-27}$$

式中：$U_{二氧化硫}$——实测林分年吸收二氧化硫价值（元／年）；

　　　$K_{二氧化硫}$——二氧化硫的治理费用（元／千克）；

　　　$Q_{二氧化硫}$——单位面积实测林分年吸收二氧化硫量 [千克／（公顷·年）]；

　　　A——林分面积（公顷）；

　　　F——森林生态功能修正系数；

　　　d——贴现率。

（2）吸收氟化物。主要计算林分年吸收氟化物物质量和价值量。

①氟化物年吸收量计算：

$$G_{氟化物} = Q_{氟化物} \cdot A \cdot F / 1000 \tag{1-28}$$

式中：$G_{氟化物}$——实测林分年吸收氟化物量（吨／年）；

　　　$Q_{氟化物}$——单位面积实测林分年吸收氟化物量 [千克／（公顷·年）]；

　　　A——林分面积（公顷）；

F——森林生态功能修正系数。

②年吸收氟化物价值计算：

$$U_{氟化物} = K_{氟化物} \cdot Q_{氟化物} \cdot A \cdot F \cdot d \qquad (1-29)$$

式中：$U_{氟化物}$——实测林分年吸收氟化物价值（元/年）；

　　　$Q_{氟化物}$——单位面积实测林分年吸收氟化物量[千克/（公顷·年）]；

　　　$K_{氟化物}$——氟化物治理费用（元/千克，见附表）；

　　　A——林分面积（公顷）；

　　　F——森林生态功能修正系数；

　　　d——贴现率。

（3）吸收氮氧化物。主要计算林分年吸收氮氧化物物质量和价值量。

①氮氧化物年吸收量计算：

$$G_{氮氧化物} = Q_{氮氧化物} \cdot A \cdot F / 1000 \qquad (1-30)$$

式中：$G_{氮氧化物}$——实测林分年吸收氮氧化物量（吨/年）；

　　　$Q_{氮氧化物}$——单位面积实测林分年吸收氮氧化物量[千克/（公顷·年）]；

　　　A——林分面积（公顷）；

　　　F——森林生态功能修正系数。

②年吸收氮氧化物价值计算：

$$U_{氮氧化物} = K_{氮氧化物} \cdot Q_{氮氧化物} \cdot A \cdot F \cdot d \qquad (1-31)$$

式中：$U_{氮氧化物}$——实测林分年吸收氮氧化物价值（元/年）；

　　　$K_{氮氧化物}$——氮氧化物治理费用（元/千克）；

　　　$Q_{氮氧化物}$——单位面积实测林分年吸收氮氧化物量[千克/（公顷·年）]；

　　　A——林分面积（公顷）；

　　　F——森林生态功能修正系数；

　　　d——贴现率。

3. 滞尘指标

鉴于近年来人们对PM_{10}和$PM_{2.5}$的关注，本研究在评估总滞尘量及其价值的基础上，将PM_{10}和$PM_{2.5}$从总滞尘量中分离出来进行了单独的物质量和价值量评估。

（1）年总滞尘量。公式如下：

$$G_{滞尘} = Q_{滞尘} \cdot A \cdot F / 1000 \qquad (1-32)$$

式中：$G_{滞尘}$——实测林分年滞尘量（吨／年）；

$\quad\quad Q_{滞尘}$——单位面积实测林分年滞尘量[千克／（公顷·年）]；

$\quad\quad A$——林分面积（公顷）；

$\quad\quad F$——森林生态功能修正系数。

（2）年滞尘价值。本研究中，用健康危害损失法计算林分滞纳 PM_{10} 和 $PM_{2.5}$ 的价值。其中，PM_{10} 采用的是治疗因空气颗粒物污染而引发的上呼吸道疾病的费用、$PM_{2.5}$ 采用的是治疗因为空气颗粒物污染而引发的下呼吸道疾病的费用。林分滞纳其余颗粒物的价值仍选用降尘清理费用计算。年滞尘价值计算。公式如下：

$$U_{滞尘}=(Q_{滞尘}-Q_{PM_{10}}-Q_{PM_{2.5}})\cdot A\cdot K_{滞尘}\cdot F\cdot d+U_{PM_{10}}+U_{PM_{2.5}} \tag{1-33}$$

式中：$U_{滞尘}$——实测林分年滞尘价值（元／年）；

$\quad\quad Q_{滞尘}$——单位面积实测林分年滞尘量[千克／（公顷·年）]；

$\quad\quad Q_{PM_{10}}$——单位面积实测林分年滞纳 PM_{10} 量[千克／（公顷·年）]；

$\quad\quad Q_{PM_{2.5}}$——单位面积实测林分年滞纳 $PM_{2.5}$ 量[千克／（公顷·年）]；

$\quad\quad U_{PM_{10}}$——实测林分年滞纳 PM_{10} 的价值（元／年）；

$\quad\quad U_{PM_{2.5}}$——实测林分年滞纳 $PM_{2.5}$ 的价值（元／年）；

$\quad\quad K_{滞尘}$——降尘清理费用（元／千克，见附表）；

$\quad\quad A$——林分面积（公顷）；

$\quad\quad F$——森林生态功能修正系统；

$\quad\quad d$——贴现率。

4. 滞纳 PM_{10}

（1）年滞纳 PM_{10} 量。公式如下：

$$G_{PM_{10}}=10\cdot Q_{PM_{10}}\cdot A\cdot n\cdot F\cdot LAI \tag{1-34}$$

式中：$G_{PM_{10}}$——实测林分年滞纳 PM_{10} 的量（千克／年）；

$\quad\quad Q_{PM_{10}}$——实测林分单位叶面积滞纳 PM_{10} 量（克／平方米）；

$\quad\quad A$——林分面积（公顷）；

$\quad\quad F$——森林生态功能修正系数；

$\quad\quad n$——年洗脱次数；

$\quad\quad LAI$——叶面积指数。

（2）年滞纳 PM_{10} 价值。公式如下：

$$U_{PM_{10}} = 10 \cdot C_{PM_{10}} \cdot Q_{PM_{10}} \cdot A \cdot n \cdot F \cdot LAI \cdot d \tag{1-35}$$

式中：$U_{PM_{10}}$——实测林分年滞纳 PM_{10} 价值（元/年）；

$C_{PM_{10}}$——由 PM_{10} 所造成的健康危害经济损失(治疗上呼吸道疾病的费用)(元/千克)；

$Q_{PM_{10}}$——实测林分单位叶面积滞纳 PM_{10} 量（千克/年）；

A——林分面积（公顷）；

n——年洗脱次数；

F——森林生态功能修正系数；

LAI——叶面积指数；

d——贴现率。

5. 滞纳 $PM_{2.5}$（图 1-16）

（1）年滞纳 $PM_{2.5}$ 量。公式如下：

$$G_{PM_{2.5}} = 10 \cdot Q_{PM_{2.5}} \cdot A \cdot n \cdot F \cdot LAI \tag{1-36}$$

式中：$G_{PM_{2.5}}$——实测林分年滞纳 $PM_{2.5}$ 的量（千克/年）；

$Q_{PM_{2.5}}$——实测林分单位面积滞纳 $PM_{2.5}$ 量（克/平方米）；

A——林分面积（公顷）；

n——年洗脱次数；

F——森林生态功能修正系数；

LAI——叶面积指数。

（2）年滞纳 $PM_{2.5}$ 价值。公式如下：

$$U_{PM_{2.5}} = 10 \cdot C_{PM_{2.5}} \cdot Q_{PM_{2.5}} \cdot A \cdot n \cdot F \cdot LAI \cdot d \tag{1-37}$$

式中：$U_{PM_{2.5}}$——实测林分年滞纳 $PM_{2.5}$ 价值（元/年）；

$C_{PM_{2.5}}$——由 $PM_{2.5}$ 所造成的健康危害经济损失（治疗下呼吸道疾病的费用）（元/千克）；

$Q_{PM_{2.5}}$——实测林分单位叶面积滞纳 $PM_{2.5}$ 量（克/平方米）；

A——林分面积（公顷）；

n——年洗脱次数；

F——森林生态功能修正系数；

LAI——叶面积指数；

d——贴现率。

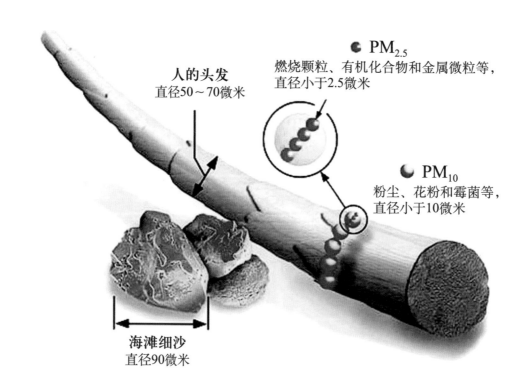

人的头发
直径50～70微米

● PM$_{2.5}$
燃烧颗粒、有机化合物和金属微粒等，
直径小于2.5微米

● PM$_{10}$
粉尘、花粉和霉菌等，
直径小于10微米

海滩细沙
直径90微米

图 1-16　PM$_{2.5}$ 颗粒直径示意

（六）生物多样性保护价值

生物多样性维护了自然界的生态平衡，并为人类的生存提供了良好的环境条件。生物多样性是生态系统不可缺少的组成部分，对生态系统服务功能的发挥具有十分重要的作用（王兵等，2012）。Shannon-Wiener 指数是反映森林中物种的丰富度和分布均匀程度的经典指标。传统 Shannon-Wiener 指数对生物多样性保育等级的界定不够全面。本次研究增加濒危指数、特有种指数和古树指数，对 Shannon-Wiener 指数进行修正，以利于生物资源的合理利用和相关部门保护工作的合理分配。

修正后的生物多样性保护功能评估公式如下：

$$U_{总} = (1+0.1\sum_{m=1}^{x}E_{m}+0.1\sum_{n=1}^{y}B_{n}+0.1\sum_{r=1}^{z}O_{r})\,S_{1}\cdot A\cdot d \tag{1-38}$$

式中：$U_{总}$——实测林分年生物多样性保护价值（元/年）；

E_{m}—实测林分或区域内物种 m 的濒危分值（表 1-7）；

B_{n}—实测林分或区域内物种 n 的特有种指数（表 1-8）；

O_{r}—实测林分或区域内物种 r 的古树年龄指数（表 1-9）；

x—计算濒危指数物种数量；

y—计算特有种指数物种数量；

z—计算古树年龄指数物种数量；

S_{1}—单位面积物种多样性保护价值量［元/（公顷·年）］；

A—林分面积（公顷）；

d——贴现率。

表1-7　濒危指数体系

濒危指数	濒危等级	物种种类
4	极危	
3	濒危	参见《中国物种红色名录（第一卷）：红色名录》
2	易危	
1	近危	

表1-8　特有种指数体系

特有种指数	分布范围
4	仅限于范围不大的山峰或特殊的自然地理环境下分布
3	仅限于某些较大的自然地理环境下分布的类群，如仅分布于较大的海岛(岛屿)、高原、若干个山脉等
2	仅限于某个大陆分布的分类群
1	至少在2个大陆都有分布的分类群
0	世界广布的分类群

注：参见《植物特有现象的量化》（苏志尧，1999）。

表1-9　古树年龄指数体系

古树年龄	指数等级	来源及依据
100～299年	1	参见全国绿化委员会、国家林业局文件《关于开展古树名木普查建档工作的通知》
300～499年	2	
≥500年	3	

本研究根据Shannon-Wiener指数计算生物多样性价值，共划分7个等级：

当指数 <1 时，S_1 为3000[元/(公顷·年)]；

当 1≤指数< 2 时，S_1 为5000[元/(公顷·年)]；

当 2≤指数< 3 时，S_1 为10000[元/(公顷·年)]；

当 3≤指数< 4 时，S_1 为20000[元/(公顷·年)]；

当 4≤指数< 5 时，S_1 为30000[元/(公顷·年)]；

当 5≤指数< 6 时，S_1 为40000[元/(公顷·年)]；

当指数≥6 时，S_1 为50000[元/(公顷·年)]。

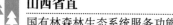

（七）森林游憩价值

森林游憩是指森林生态系统为人类提供休闲和娱乐场所产生的价值，包括直接价值和间接价值，采用林业旅游与休闲产值替代法进行核算。本研究森林游憩价值（数据来源于山西省林业厅）包括直接收入即山西省各市森林旅游与休闲产值（主要包括森林公园、保护区、湿地公园等）和间接收入即山西省直国有林各林局（场）森林旅游与休闲直接带动其他产业产值。因此，森林游憩功能的计算公式：

$$U_r = \sum (Y_i + Y_i') \tag{1-39}$$

式中：U_r——森林游憩功能的价值量（元／年）；

　　　Y_i——i 市森林公园的直接收入（元）；

　　　Y_i'——i 市森林公园的间接收入（元）；

　　　i——山西省直国有林 i 局（场）。

（八）山西省直国有林森林生态系统服务总价值评估

山西省直国有林森林生态系统服务总价值为上述分项价值量之和，公式为：

$$U_I = \sum_{i=1}^{23} U_i \tag{1-40}$$

式中：U_I——山西省直国有林森林生态系统服务总价值（元／年）；

　　　U_i——山西省直国有林森林生态系统服务各分项价值量（元／年）。

第二章
山西省直国有林
自然资源概况

第一节　山西省直国有林的管理体系

　　山西省林业管理体系除按国家行政管理体系——省、市、县、乡林业行政管理部门外，还有由省、市、县、乡行政部门管理的国有林管理局（场）或集体林场。山西省林业厅作为省政府组成部门，除了负责全省林业工作之外，还直属有 9 个国有林管理局和 1 个实验林场，这 9 个国有林管理局分别是：山西省杨树丰产林实验局、管涔山国有林管理局、五台山国有林管理局、黑茶山国有林管理局、关帝山国有林管理局、太岳山国有林管理局、太行山国有林管理局、吕梁山国有林管理局、中条山国有林管理局，1 个实验林场是山西省林业职业技术学院东山实验林场。这 10 个国有林管理局（场）的人、财、物管理权限都直属于山西省林业厅，除东山实验林场外，其余 9 个国有林管理局全部为县处级建制。

　　山西省最为精华的森林资源集中分布在省直九大林区。山西大林区的组建，始见于民国时期，奠基于社会主义建设时期，兴盛于改革开放发展时期。中华人民共和国成立后，山西省为改善山西生态环境、保护森林资源和组织开展大规模荒山绿化，陆续设立了 9 个省直国有林业专门管理机构，经营管理着全省最精华的森林资源，是山西省重要的战略资源储备基地，是山西省人民共享的生态产品和最普惠的民生福祉。

　　山西省现有 209 个国有林场，其中省直 10 个国有林管理局（场）管辖了 108 个、市县属 101 个（其中，市级国有林场 6 个）。省直林区现有林业在职职工 7971 人、离退休人员 4197 人。全省国有林场林地总面积 121.70 万公顷（其中，乔木林 100.62 万公顷、灌木林 21.08 万公顷），占全省林地面积的 24.43%；有林地面积 100.62 万公顷，占全省有林地面积的 39.98%。

　　经过近 70 年的建设，省直林区从小到大，稳步发展，取得了巨大成就。

　　一是挺起山西生态体系的绿色脊梁。省直林区累计完成荒山造林 1130 万亩，中幼林抚育 1412 万亩，低产林改造 75 万亩。有林地面积由 1949 年的 508 万亩增加到 1496.24 万亩，增长 2.9 倍；活立木蓄积量由 1949 年的 985 万立方米增加到 5883.9 万立方米，增长 6 倍，有林地面积和活立木蓄积量分别占全省的 36.9% 和 55.2%。

这些森林资源从南到北分布于太行山和吕梁山主脊两侧，是汾河、沁河等 12 条主要河流的源头地区，构成了维护山西省目前极其脆弱的生态平衡的基础。

这些森林资源蕴藏着 3600 余种动植物资源，是山西境内面积最大、生物多样性最为丰富的物种基因库。据调查，太岳山、中条山、管涔山生物物种分别为 2300、1700 和 1600 多种。其中，珍稀濒危保护物种有 50 种，如褐马鸡、金钱豹、黑鹳，以及多种珍稀植物，如刺五加、水曲柳、红豆杉等。

这些森林资源环抱着省内各大煤田，对减缓全省煤炭开采带来的负面影响、对保护和增加全省极为稀缺的水资源、对改善大气质量和提高人民生活水平、对社会经济的可持续发展，具有十分重要的战略意义。

二是发挥着不可替代的生态屏障作用。通过统计核算，山西省直林区森林每年可涵养水源 23.39 亿吨，相当于 2339 个百万立方米水库的蓄水量；每亩森林可减少土壤流失量 1.8 亿吨。世界公认，森林是"地球之肺"，绵亘于吕梁和太行两大山系的省直林区就是山西的两大片肺叶，吸纳着城市和工矿排出的二氧化碳，释放出人类生存必需的氧气。省直林区森林每年可吸收二氧化碳 225.47 万吨、释放出 542.06 万吨氧气。林区是一个天然"大氧吧"、空中"吸尘器"。

三是为经济社会发展作出突出贡献。省直林区以其特有的人才优势、技术优势、资源优势，带动和促进了全省生态建设。省直林区自组建以来，通过低质低效林改造、森林抚育等为社会不断地提供木材，建立起比较完备的管理、技术服务体系。在护林防火、病虫害防治及营造林技术攻关等方面，发挥了主力和骨干作用。林区还大力发展种苗产业，除满足本局林业工程建设外，有力地支援了全省的造林绿化，并在营林生产、木材采伐、苗木培育等各项生产经营活动中，给农民提供劳务机会，为加快贫困山区脱贫致富作出了较大贡献。

四是打造三晋表里山河的亮丽名片。近 70 年来，省直林区依托国有林场建立起 4 处国家级森林公园、7 处省级森林公园、3 处湿地公园、6 处沙漠公园、8 处国家级自然保护区、9 处省级自然保护区。优美的生态景观与灿烂的三晋文明交相辉映，融为一体，成为展示山西美好形象的亮丽名片。中条山国家级森林公园以历山和蟒河两大景区著称于世；太岳山国家级森林公园融自然景观、森林景观、人文古迹为一体；关帝山国家级森林公园雄踞吕梁老区，山峦起伏，沟谷纵横，是世界珍禽山西省鸟——褐马鸡的故乡；管涔山国家级森林公园地处塞北边缘，以奇峰、森林、草甸、湖泊为特色；五台山国家级森林公园以五峰争秀和佛教圣地名扬四海。从太行到吕梁，奇峰竞秀，碧水长流，浩瀚林海，万顷碧波，在这片形似树叶的三晋大地上，点缀着山西自然遗产最珍贵、自然资源最丰富、自然景观最优美的绿色宝藏，描绘了一幅风景秀丽的美丽图画。

为了加强省直国有林区管理，由省政府批准成立山西省国有林管理局并加挂山西省天然林保护工程管理中心的牌子，主要职能是：负责对省直十大林局（场）及所属国有林场与企业的管理，对市（地）县属国有林场的计划、生产、业务、技术进行指导与管理；承办国有林场各项林业生产作业的审批与生产作业质量的检查验收；负责国有林管理及国有林场全局性的技术规程、技术标准、总体设计、开发性规划、新技术引进与推广、重点工程设计方案、重大技术改造等工作的制定与审查；负责对全省国有林场多种经营项目、产业结构调整的指导与管理；负责国有林场年度计划的安排、年终工作总结、预算审查、财务决算、场长及有关业务的培训、责任制兑现工作。除上述职能外，还承担山西省天然林保护工程办公室和全省重点公益林管理办公室的日常工作。所以说 10 个省直国有林管理局是由山西省国有林管理局进行统一管理的省直林业管理部门。

第二节　山西省直国有林自然地理概况

山西省直国有林是镶嵌在山西省的版图内，跨越了全省所有 11 个地市的 62 个县，具体分布见图 2-1。

一、杨树丰产林局

山西省桑干河杨树丰产林实验局（简称：杨树局）局机关位于大同市。杨树局地处雁门关外，内外长城之间，林区主要分布在大同、朔州、忻州三市的 17 个县（区），地理坐标东经 112°～114°30′、北纬 39°～40°30′之间。总体地貌特征是四周陡峭，中间以丘陵、盆地和平原地形为主，气候属温带半干旱森林草原过渡地带，雨热同期，全年降水量 400 毫米左右，蒸发量 2000 毫米左右，日照时数长，昼夜温差大，气候干燥，风沙频繁。由于地处毛乌素沙漠的东部前沿，属于三北防护林工程的主要地段和重要区域，也是京津风沙重要治理区域之一。通过在杨树局营造杨树速生丰产林，为三北地区乃至全国建立杨树造林示范基地。

杨树局的有林地土壤分布有：广大丘陵、洪积扇、山前倾斜平原以及高级阶地上的钙层土纲黄土状栗钙土地、黄土质栗钙土、半淋溶土纲黄土状栗褐土、洪积褐土，一、二级阶地的水成土纲硫酸盐、氯化物碱化土。成土母质多为黄土、红土、洪积、冲洪积、风积母质。

二、管涔山国有林管理局

管涔山国有林管理局（简称：管涔林局）局机关位于宁武县。管涔山林区地处山西省西北部，吕梁山脉北段，地理坐标东经 111°39′～112°33′、北纬 38°25′～39°3′之间，南北长

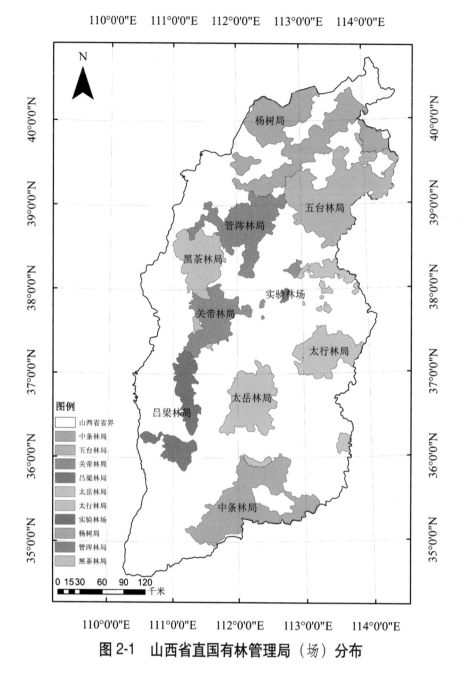

图 2-1　山西省直国有林管理局（场）分布

约70千米，东西宽约78千米。跨涉忻州地区的宁武、神池、五寨、岢岚、静乐、原平6县。所属林场国有经营面积40156公顷。

管涔山林区的主体系为1370万年前的燕山运动形成，自东北向西南走向的芦芽山脉和自北向南走向的云中山脉，所构成的多褶皱高中山地带。海拔2603米的卧羊场和海拔2784米的荷叶坪，是纵贯西部的管涔山和芦芽山的两座主峰。越过汾河和恢河谷地，对峙的是云中山脉。最低处为潘家湾，海拔1289米，全区地势呈东西两侧高，中部河谷地带低，海拔一般在1800～2000米之间。全区地势呈西高东低，山峦起伏，沟壑纵横，坡向、坡度变化较大。

管涔林局境内气候属暖温带大陆性气候。由于地形复杂，各处气温、降水等变化比较

显著。年平均气温在 -1~4℃ 之间，1 月平均气温 -14℃ 左右。7 月平均气温 13℃ 左右。年降水量为 580~970 毫米，夏季降水量为全年的 66%，相对湿度 60%，年蒸发量 1600~2000 毫米。日均温 0℃ 以上年积温 1670℃，年均无霜期 90~110 天，气候灾害主要是霜冻和春秋雪。山谷地带的低温涝湿和低山地带的干旱对农业生产和造林也有不利影响。

区域内土壤垂直分布明显，主要有花岗岩、石灰岩、砂岩上发育成的亚高山草甸土、棕壤和褐土，土壤厚度为 25~100 厘米。

三、五台山国有林管理局

五台山国有林管理局（简称：五台林局）局机关位于繁峙县砂河镇，辖区位于山西省东北部，地理坐标东经 112°45′~113°56′、北纬 38°9′~39°23′ 之间，行政区划以繁峙县为中心，涉及 3 市 9 县，即忻州市的五台县、繁峙县、代县、原平市，朔州市的山阴县、应县，大同市的浑源县、灵丘县、广灵县。全局林地总面积 189 万亩。

五台林局系黄土丘陵的土石山区，属晋北高原，境内山峦起伏，沟谷纵横，地形复杂，自然条件较差。山地、丘陵面积约占全区面积的 80%。整个地形东南高，西北低。西部雁门关林场为恒山支脉，其余各场均系五台山脉，一般海拔在 1700 米左右，其中北台顶海拔达 3058 米，是山西最高峰，称"华北屋脊"。林区内主要的山系有五台山、馒头山、恒山、系舟山。

五台林局林区处于由暖温带到温带和由半湿润半干旱草原地带到干旱草原地带的交汇点上，为典型的黄土高原土石山区。年平均气温 6~8℃，年降水量 300~600 毫米，植物生长期 110~140 天。

林区土壤主要类型为褐土，可分为 3 个亚类：淋溶褐土、淡褐土性土、褐土。其中，淋溶褐土主要分布在 1600~2000 米以上；淡褐土性土分布于黄土丘陵沟壑区，包括川地、原地、梁峁、坡地等各种类型，海拔在 680~1500 米之间；褐土主要分布淋溶褐土下部，与丘陵褐土交错分布，一般分布海拔高度 1450~1650 米。

四、黑茶山国有林管理局

黑茶山国有林管理局（简称：黑茶林局）局机关位于岚县北村。黑茶山林区地处吕梁山脉中部的北段，地理坐标东经 111°13′~111°46′、北纬 37°53′~38°44′ 之间。跨吕梁、忻州两个行署的岚县、兴县、临县、方山、岢岚五县。国有经营面积 6.95 万公顷。

黑茶山林区属黄土丘陵区的土石山区。地貌群主要有三类：一是由黑茶山、野鸡山、白龙山等构成的石质山地貌；二是河谷地貌；三是沟谷地貌。其中，山地地貌为整个林区的主体，占 60%~70%，并以由野鸡山、白龙山、黑茶山、南阳山主峰连接而成的主山脊自北向南贯穿整个林区。境内山峦起伏，沟谷纵横，地形复杂。海拔 1229 米的石桥林场石咀头到

2831 米的南阳山（即孝文山），高差 1602 米。

黑茶林局林区属暖温带气候区。地势高，气候寒冷，生长期短，气温、降水等垂直变化明显。全区年平均气温 3 ~ 5℃。1 月份平均气温 -10℃左右，7 月份平均气温 17℃左右，无霜期 105 ~ 135 天。年平均降水量 600 ~ 680 毫米，7、8、9 月份占全年降水量的 75% 左右。春旱和秋霜是影响农作物播种、成熟和林木越冬的主要灾害。

土壤主要为棕壤和褐土。林区高山阳坡由于受强烈侵蚀，岩石斑驳裸露，土层薄而多含风化角砾，中低山阳坡土层瘠薄，为粗骨性褐土。

五、关帝山国有林管理局

关帝山国有林管理局（简称：关帝林局）局机关位于文水县开栅镇。关帝山林区地处山西省西部，吕梁山脉中段，地理坐标东经 111°57′ ~ 112°12′、北纬 37°37′ ~ 38°4′之间。南北长约 120 千米，东西宽约 96 千米。经营范围跨涉吕梁地区的交城、文水、汾阳、中阳、离石、方山六县和太原市的娄烦县及古交市。跨区范围内的国有经营面积为 31.17 万公顷。其中，所属林场经营面积 29.98 万公顷。

关帝山区的主体系自东北向西南由云顶山、孝文山、真武山、薛公岭、上顶山等高大山峰连贯的主脊线及其两侧起伏的山峦和纵横的沟壑所构成。地势呈东北高、西南低；主脊线西侧陡峭，东侧相对平缓。全区平均海拔 1500 米左右。主峰孝文山（亦名南阳山），海拔 2831 米，系吕梁山脉最高峰，省内第三高峰。

关帝林局区内气候属暖温带大陆性气候。由于地形复杂，各处气温、降水等差异较大。全区年均气温 3 ~ 7℃，高山区较寒冷，低山谷地较温和。年均无霜期 90 ~ 135 天。年均降水量 450 ~ 700 毫米，高、中山雨水多，低山雨水少。年蒸发量 1600 ~ 1800 毫米。区内气候灾害主要是霜冻，山谷地带的低温涝湿和低山地带的干旱对农业生产和造林也有不利影响。

区内土壤主要有褐土性土、山地褐土、黄绵土、棕壤等土类，部分高山地带还有少量草甸土。

六、太行山国有林管理局

太行山国有林管理局（简称：太行林局）局机关位于和顺县。太行山林区位于山西省东部太行山脉中段，地理坐标东经 112°53′ ~ 113°55′、北纬 36°52′ ~ 32°7′之间。东以太行山与河北省相邻，跨涉晋中地区和顺、左权、榆社三县。东西长约 100 千米，南北宽约 70 千米，总面积 35 万公顷，国有经营面积 6.38 万公顷。

太行林局地势东北高、西南低。东部地势高峻，山峰耸立，以阳曲山为主脉，形成广大的山岳地区及丘陵地带；西部相对平缓，丘陵居多，平均海拔为 1000 ~ 2180 米。阳曲山主峰孟信垴为全区最高峰，高峻挺拔、峭崖壁立。

太行林局境内气候属暖温带大陆性季风气候。冬季长而寒冷、夏季短无酷暑，具有春旱多风、夏暖少雨、秋凉雨多、冬寒少雪的气候特征。全年平均气温为 6 ～ 8.9℃，最高和最低极温分别为 34.4℃ 和 -32.1℃。最冷月平均气温为 -9℃，最热月平均气温为 19℃。日均温 ≥ 10℃ 期间的年积温为 2477℃。但年际变化很大。平均无霜期为 119 天，最长年可达 152 天，最短年仅有 95 天。按气温划分四季的标准，夏季只有 40 天，而冬季却长达 211 天，为晋中的高寒地带。全区年降水量介于 500 ～ 600 毫米之间，7、8 两月降水量占全年降水量的 50.4%，主要气候灾害为冰雹．霜冻和春旱，影响着农业、林业的发展。

林地土壤主要以棕壤和褐土为主，岩石以石灰岩、砂岩、砂页岩三大类为主，属典型的土石山区，岩石裸露，土壤瘠薄。

七、太岳山国有林管理局

太岳山国有林管理局（简称：太岳林局）局机关位于介休市。地理坐标东经 111°45′ ～ 112°33′、北纬 36°18′ ～ 37°05′ 之间。东西宽 60 余千米，南北长约 70 千米。太岳山森林经营局经营范围跨涉晋中、临汾、长治两地一市的平遥、介休、灵石、霍州、洪洞、古县、安泽、沁源和沁县共八县一市。国有经营面积 13.6 万公顷。局机关驻沁源县郭道镇，位于县城北 30 余千米处。

太岳山，又称霍山，位于山西省中南部，属太行山系。太岳山主体系由汾河东侧的绵山、牛角鞍、石膏山、五龙壑、老爷顶等高大山峰自北向南连贯的主脊线及向东延伸至沁河两岸的山峦和沟壑所构成。主脊线将太岳林区分为西山、东山两大片。最高峰为介庙林场境内的牛角鞍，海拔 2566 米。总体地势西部高而陡峻，东部低而平缓，沁河谷地明显低于东西两侧。

太岳林区属温带半干旱大陆性季风气候。由于地势复杂，境内各处气温和降水差异较大。年均气温约 8℃，日均温 ≥ 10℃ 以上的年积温在 2500～3000℃ 之间，年均降水量约 650 毫米，7～9 月降水量占全年的 60% 以上，相对湿度 60% ～ 65%，年均日照 2500 ～ 2700 小时；无霜期 100 ～ 150 天。主要气候灾害是春旱，对造林有不利影响。

土壤垂直分布明显，海拔 1200 米以下为钙积褐土，1200～1500 米为褐土性土和淋溶褐土，海拔 1500～2100 米为棕壤，海拔 2100～2400 为腐棕壤，高山顶部分布有亚高山草甸土。

八、吕梁山国有林管理局

吕梁山国有林管理局（简称：吕梁林局）局机关位于临汾市。吕梁山森林经营局地处山西省西南部，吕梁山脉南段，地理坐标东经 111°45′ ～ 112°33′、北纬 35°52′ ～ 37°12′ 之间。南北长约 160 千米，东西宽约 70 千米。经营范围跨涉吕梁地区的交口、石楼、孝义三县和临汾地区的临汾市、乡宁、吉县、蒲县、隰县、汾西六县（市）。全局经营范围分为不相接的南北两片，北部6个林场，南部3个林场。局机关驻蒲县北关。跨区范围的国有经营面积19.93万公顷。

吕梁林局范围山体系自北向南由上顶山、紫荆山、老爷岭、秦王山、高天山、人祖山等高大山峰连贯的主脊线及两侧起伏的山峦和纵横的沟壑与部分黄土丘陵所组成，地形破碎，沟谷面积达40%。地势西北高、东南低，处于黄河、汾河的夹角地带，全区平均海拔1500米左右，最高峰上顶山海拔2024米。

吕梁林局境内气候属温带大陆性气候，由于地形复杂，各处气温、降水等差异较大，全区年均气温6.5～8.6℃，高山区较寒冷，低山谷地，丘陵地较温和，年均无霜期160～220天，年均降水量520～620毫米，高、中山雨水多，低山、丘陵雨水少，区内气候灾害主要是霜冻和冰雹，低山、丘陵地带的干旱，对造林产生不利影响。

吕梁山区系由变质岩和岩浆岩及古生代、中生代盖层组成的石质山区，两侧为黄土丘陵区，母岩多为石灰岩和黄土，土壤处在褐土带，多为山地褐土和粗褐土。土壤侵蚀严重，干旱瘠薄。

九、中条山国有林管理局

中条山国有林管理局，局机关位于侯马市。中条山森林经营局经营范围集中于中条山脉的中、东两段，部分区域不相连接。林区跨涉临汾、运城、晋城三个地市的浮山、翼城、绛县、闻喜、夏县、垣曲、沁水和阳城八县。地理坐标东经111°21′～112°41′、北纬34°55′～36°05′之间。东西宽约140千米、南北长约86千米，所属林场国有经营面积204387公顷。

中条山脉是由变质岩系组成的地垒式山地。东段较为宽阔，南为王屋山，北接太岳，东临沁河，群峰汇集，山势雄壮，主峰舜王坪，海拔2322米；中段多被河流侵蚀切割，山势较为缓和，并被黄土覆盖，西段分布较狭，直抵黄河。中条林局经营范围集中于中条山脉的中、东两段，部分区域不相连接。

中条林局林区属暖温带大陆性气候。年均气温8～14℃，日均温≥10℃期间的年积温4000℃左右，年均日照约2500小时；年降水量700毫米，年相对湿度60%，无霜期175～200天。

土壤类型多样，地带性土壤为褐色土和森林棕色土。其中，海拔2000米以上为黄土质山地棕壤，海拔1450～1700米为黄土质山地淋溶褐土，海拔900～1450米为坡积黄土质山地褐土，海拔900米以下的山麓及河谷多为冲积土。

十、山西林业职业技术学院东山实验林场

山西林校实验林场位于太原市东部，跨涉太原市南郊区孟家井、北郊区小返、阳曲县候村三个乡。地理坐标东经112°41′～112°49′、北纬37°51′～36°05′之间。东与寿阳县罕

山林场相邻。场境南北长 17 千米、东西宽 75 千米，近似长方形。场部驻太原市南郊区孟家井乡张家河村，位于市区东 23 千米处。林场经营面积 7049 公顷。

山西省实验林场境内山脉走向由东北向西南延伸。地势东北高、西南低，海拔在1200～1760 米（阪泉山）。境内无河流，地下水位亦较低。地貌属小起伏黄土覆盖中山。

山西省实验林场境内属季风影响下的暖温带大陆气候，四季分明，年均气温 8℃，日均温 >10℃ 的年积温 3000℃ 以上，年日照 2600～2700 小时；无霜期 150 天以上；年蒸发量约1800 毫米；年降水量 500 毫米左右，7、8、9 三个月占全年降水量的 60%。气候灾害主要为干旱，十年九旱，多见于 3 月上旬至 6 月上旬，其次为早霜和大风。

成土母质以黄土为主，还有少量的碳酸岩、砂页岩及石灰岩等。土壤种类以褐土为主，兼有少量粗骨土。

第三节　山西省直国有林森林资源概况

一、林地面积

山西省直国有林是以山西省境内的主要山系和森林资源分布特征而命名的，经营面积延伸至 11 个地市，占据着山西境内主要山系的高海拔区域。根据 2016 年全省林地变更数据统计，10 个省直国有林管理局（场）的森林资源数据统计结果见表 2-1。

表 2-1　山西省直国有林森林资源

林局	乔木林面积(×10²公顷)	一般灌木林面积(×10²公顷)	灌乔比（%）
杨树局	865.86	17.06	2
太岳林局	1316.21	191.61	15
太行林局	513.10	179.02	35
中条林局	2177.38	264.85	12
黑茶林局	511.04	213.73	42
吕梁林局	1609.16	486.1	30
实验林场	26.88	27.14	101
管涔林局	482.02	175.17	36
五台林局	754.94	84.75	11
关帝林局	1805.52	468.54	26
所有林局（场）	10062.11	2107.97	21

注：乔木林面积包含乔木林、乔木经济林和特灌林面积。

　　山西省直国有林中乔木林 10062.11×10² 公顷，灌木林面积 2107.97×10² 公顷，灌乔比为 21%，总面积为 12170.08×10² 公顷。省直国有乔木林面积占全省乔木林面积（338.35 万公顷）的 29.74%，省直灌木林面积占全省灌木林面积（159.81 万公顷）的 13.19%；省直国有乔灌林面积占全省乔灌林面积的 24.43%。这说明省直国有林森林资源面积约占全省森林资源面积的 1/4。

　　从各省直国有林管理局（场）林地面积来看（图 2-2），林地面积最大的是中条山国有林管理局，占省直国有林总面积的 21.6%，最小面积是东山实验林场，仅占省直国有林面积的 0.4%。最大的 3 个省直国有林管理局为中条林局、关帝林局和吕梁林局，其面积占到省直国有林面积的 55.6%。而最小的 3 个省直单位的林地面积仅占省直林地面积的 11.5%。

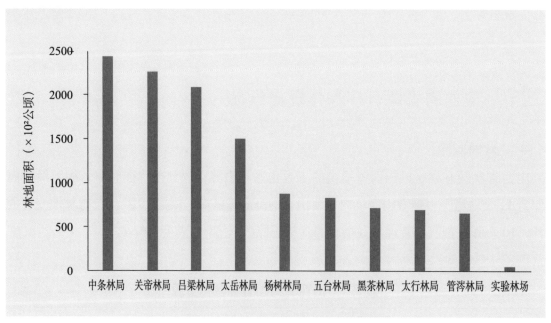

图 2-2　山西省直国有林林地面积

　　从各林局（场）的乔木林与灌木林地比例来看，省直国有林管理局（场）所辖林地中仍有 21% 为一般灌木林地。这些灌木林地绝大部分是立地条件极差、岩石裸露的陡坡或急陡坡。除极少部分可以进行灌改乔作业外，一般灌木林地只能永久作为灌木林地，用于水土保持灌木地。

　　从表 2-1 可以看出，除杨树丰产林局灌乔比仅为 2% 以外，其他各局的灌乔比都在 11% 以上。杨树局位于毛乌素沙漠的东部前沿，是三北防护林工程的重点区域，也是山西境内的主要荒漠化区，这里气候干燥，所管辖林地绝大部分位于 400 毫米降水量以下。根据九次森林资源清查，这一区域的灌木林为特殊灌木林，计入森林面积，并计入森林覆盖率之中，而仅有的 2% 灌乔比也是由于这些灌木位于 400 毫米降水量以上地区而造成的。所以这一区域灌乔比不能与其他国有林管理局（场）进行比较。

　　除杨树局之外，其他各局（场）的平均灌乔比为 22.7%，大于平均灌乔比的省直国有林管理局（场）分别是东山实验林场 101%、黑茶林局 42%、管涔林局 36%、太行林局 35%、吕梁林局 30%、关帝林局 26%；小于平均灌乔比的分别是五台林局 11%、中条林局 12% 和太岳林局 15%。

从灌乔比分析可以看出，东山实验林场、黑茶林局、管涔林局、太行林局、吕梁林局和关帝林局仍然可以在立地条件允许的林班进行灌改乔。特别是东山实验林场灌木林面积比乔木林面积都大，林场经营仍然是通过人工栽植、天然更新或人工促进天然更新的方式恢复森林植被为主，而灌乔比小的五台局、中条林局和太岳林局除进行灌改乔之外，重点进行现有林的经营，提高林分质量、增加林地生产力。

二、省直国有林森林蓄积量

根据 2016 年度林地变更数据中森林蓄积量统计，山西省乔木林总蓄积量为 156122070.9 立方米，单位面积平均蓄积量为 47.71 立方米 / 公顷，而省直国有林管理局（场）乔木林蓄积量为 56962988.9 立方米，平均单位面积蓄积量为 57.11 立方米 / 公顷。省直国有乔木林蓄积量占全省蓄积量的 36.49%，省直国有林单位面积平均蓄积量比全省大 9.40 立方米 / 公顷，大约为 19.70%，说明省直林区林分质量优于全省平均水平。省直国有林的森林蓄积量情况见表 2-2。

从表 2-2 可以看出：以总蓄积量来看，关帝林局最大，占到省直各局蓄积量总和的 23.88%，依次为中条林局 17.07%、吕梁林局 15.05%、太岳林局 13.21%、管涔林局 8.33%、五台林局 7.73%、黑茶林局 6.75%、太行林局 4.82%、杨树局 2.96%、实验林场 0.20%。

从表 2-2 可以看出：以单位面积蓄积量来看，管涔林局最大 98.31 立方米 / 公顷，关帝林局和黑茶林局基本相同，为 75.46 立方米 / 公顷，五台林局 65.01 立方米 / 公顷，太岳林局 57.23 立方米 / 公顷，太行林局 53.47 立方米 / 公顷，吕梁林局 53.28 立方米 / 公顷，实验

表 2-2 山西省直国有林乔木林蓄积量

林局（场）	乔木林蓄积量（立方米）	单位面积蓄积量（立方米/公顷）	百分比（%）
杨树局	1686880.98	19.55	2.96
太岳林局	7524641.01	57.23	13.21
太行林局	2741980.5	53.47	4.82
中条林局	9725803.18	44.67	17.07
黑茶林局	3843961.56	75.46	6.75
吕梁林局	8573328.57	53.28	15.05
实验林场	128273.625	47.72	0.20
管涔林局	4738663.59	98.31	8.33
五台林局	4398038.26	65.01	7.73
关帝林局	13601417.6	75.46	23.88
所有林局	56962988.9	57.11	100

林场47.72立方米/公顷，中条林局44.67立方米/公顷，杨树局19.55立方米/公顷。由此可以看出，管涔林局的林分质量最好，杨树局最差。

三、龄组结构

1.龄组面积

有林地的林龄组根据优势树种（组）的平均年龄确定，根据九次连清规则，分为幼龄林、中龄林、近熟林、成熟林和过熟林。省直国有林管理局（场）各龄组面积如表2-3。

表2-3 省直国有林管理局（场）各龄组面积

林局	林龄					
	幼龄林 （×10² 公顷）	中龄林 （×10² 公顷）	近熟林 （×10² 公顷）	成熟林 （×10² 公顷）	过熟林 （×10² 公顷）	小计 （×10² 公顷）
杨树局	127.05	37.52	43.15	131.28	523.76	882.92
太岳林局	270.90	534.61	242.60	186.84	79.75	1507.82
太行林局	91.17	341.78	59.40	19.14	1.33	692.12
中条林局	598.18	804.03	442.30	294.00	38.86	2442.23
黑茶林局	63.05	140.12	53.32	70.67	182.26	724.77
吕梁林局	518.41	570.45	252.18	142.83	125.21	2095.26
实验林场	3.24	19.01	4.40	0.16	0.08	54.02
管涔林局	125.97	268.40	43.24	24.66	19.75	657.19
五台林局	209.18	324.50	58.38	36.59	47.91	839.69
关帝林局	172.64	480.77	398.16	287.30	463.67	2274.06
所有林局	2179.79	3521.19	1597.14	1193.45	1482.59	9974.16

从总体来看，省直国有林面积中，幼龄林占全部乔木林面积的21.85%，中龄林35.30%、近熟林16.01%、成熟林11.97%和过熟林14.86%。中龄林占比最大，幼龄林次之，而近、成、过熟林占比相近。杨树局的过熟林占到全局乔木林的59.32%，而近、成、过熟林占到全局乔木林的79.08%，造成这种现象的原因是20世纪六七十年代栽植的杨树林，全部进入了成熟林。其他林局中的近、成、过绝大部分为天然萌生的山杨林或辽东栎林，如关帝林局近、成、过熟林占到全局天然林的50.53%，仅过熟林就占到20.39%。吕梁林局的近、成、过熟林占到全局乔木林的24.83%。近、成、过熟林面积较大的林局要逐步采取林下更新或人工促进天然更新或人工栽植等手段，逐步引入目的树种，培育针阔混交的天然林或人工林、天然林混交林分、逐步提高林地生产力和改善林地环境。

2.优势树种结构

根据第九次全国森林资源清查，在乔木林、疏林中，按蓄积量组成比重确定小班的优势树种（组），一般情况下，按该树种组蓄积量占小班总蓄积量65%以上确定，未达到起测直径的幼龄林、未成林地按株数组成比例确定，按此规则整理，省直国有林管理局（场）

乔木林共划分为 14 个优势树种（组），分别是云杉、落叶松、油松、柏木、栎类、桦木及山杨类、硬阔类、杨树及软阔类、槐类、针叶混交林、阔叶混交林、针阔混交林、经济林、灌木林共 14 个优势树种（组），见表 2-4。

从表 2-4 可以看出，优势树种（组）又可以简单划分为乔木优势树种（组）和灌木组，灌乔比约为 22.00%。12 个乔木优势树种（组）中，油松面积最大，占到乔木林面积的 24.10%，其次为针阔混交林 14.60%，第三为栎类 13.63%，第四为阔叶混交林 13.45%。占比最小的为硬阔类 0.08%，其次为槐类 0.27%。主要用材树种云杉占到 1.78%，而落叶松为 9.53%。

从优势树种的龄组结构看（表 2-4），中龄林面积最大，占到乔木林面积的 35.30%，幼龄林面积次之，占 21.86%，近熟林 16.01%，成熟林 11.97%，过熟林 14.86%，总而言之，省直国有林管理局（场）的优势树种（组）结构按林龄划分是中龄林较多，幼龄林次之，而成过熟林主要是天然杨桦林和人工杨树林。

表 2-4　省直国有林管理局（场）优势树种龄组结构

树种	幼龄林（×10² 公顷）	中龄林（×10² 公顷）	近熟林（×10² 公顷）	成熟林（×10² 公顷）	过熟林（×10² 公顷）	小计（×10² 公顷）
云杉	47.4447	114.9326	14.8346	0.2082	0	177.4201
落叶松	373.3225	512.5144	39.671	13.9463	11.2842	950.7384
油松	341.9666	1071.304	569.3013	400.2189	21.2188	2404.0096
柏木	156.7138	34.1869	3.8887	0.3964	2.8438	198.0296
栎类	443.1339	560.6066	285.1847	68.2687	2.3591	1359.553
桦木及山杨类	21.2156	41.1287	31.9192	80.6482	360.1319	535.0436
硬阔类	0.5593	3.8542	3.6034	0.266	0.4547	8.7376
杨树及软阔类	112.8244	67.3191	57.6445	166.2189	543.8457	947.8526
槐类	5.1166	3.8242	3.2611	12.1645	2.2598	26.6262
针叶混交林	105.621	155.233	96.1204	117.9671	93.6413	568.5828
阔叶混交林	260.1409	418.6909	254.6166	188.7362	218.9126	1341.0972
针阔混交林	311.7334	537.5936	237.0901	144.4118	225.6372	1456.4661
经济林			2.2175			2.2175
灌木林			2193.7066			2193.7066
乔木林合计	2179.7927	3521.1882	1597.1356	1193.4512	1482.5891	9974.1568

四、省直国有林优势树种（组）林分面积和森林蓄积量

鉴于各省直国有林管理局（场）所辖林地资源气候、立地条件等的差异较大，优势树种面积不尽相同，反映在林地质量上也有较大差异。各林局的优势树种（组）和优势树种（组）龄组结构相关较大，对各局（场）优势树种（组）和优势树种（组）各龄组结构进行分析（图 2-3 到图 2-32）。

（一）杨树丰产林局

杨树丰产林局乔木优势树种（组）仅有 10 个（图 2-3 至图 2-4），杨树及软阔类占全局乔木林的 90.41%，杨树及软阔类蓄积量占到全局乔木林蓄积量的 89.01%，单位面积蓄积量 19.25 立方米 / 公顷；油松等松类占 5.87%，单位面积蓄积量 23.15 立方米 / 公顷；落叶松类占 2.52%，单位面积蓄积量 25.66 立方米 / 公顷；其他各优势树种（组）蓄积量占比很小，从优势树种（组）单位面积蓄积量可以看出，杨树局所处的立地条件差，林分质量不高。

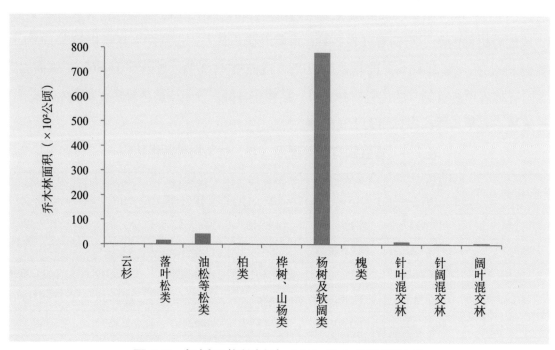

图 2-3　杨树局优势树种（组）乔木林面积统计

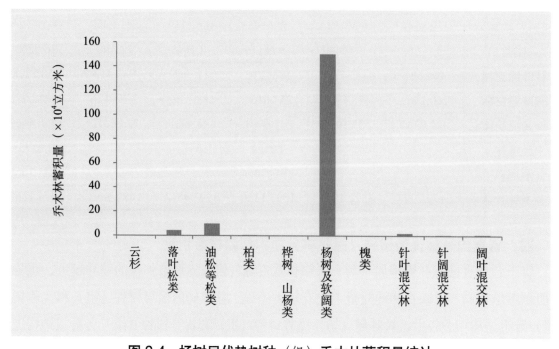

图 2-4　杨树局优势树种（组）乔木林蓄积量统计

从各龄组林分面积来看（图 2-5 至图 2-6），在杨树及软阔类优势树种（组）中，过熟林占到65.86%，近、成、过熟林占到87.30%，说明杨树绝大部分已经老化，需进行更新改造。其次，面积较大的为油松等松类占到4.84%。

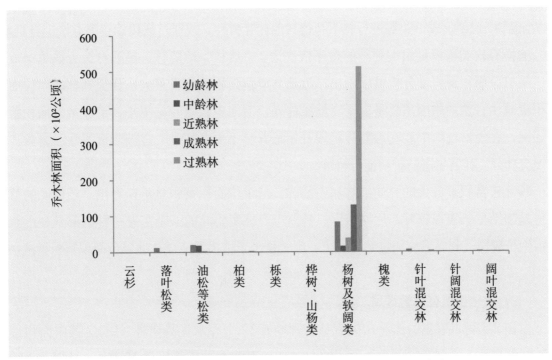

图 2-5　杨树局优势树种（组）各龄级乔木林面积统计

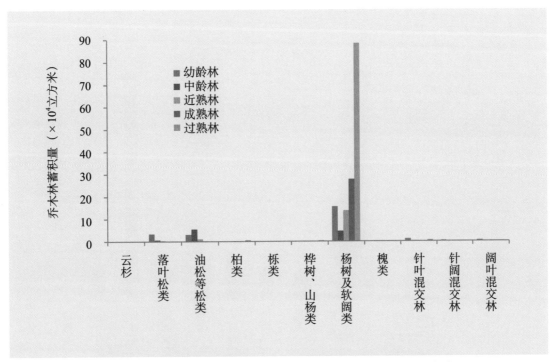

图 2-6　杨树局优势树种（组）各龄级乔木林蓄积量统计

从各龄组森林蓄积量和单位面积蓄积量来看，杨树及软阔类中蓄积量由大到小的顺序依次为：过熟林＞成熟林＞幼龄林＞近熟林＞中龄林，单位面积蓄积量由大到小的顺序依次为：近熟林＞中龄林＞成熟林＞幼龄林＞过熟林。从杨树及软阔类单位面积蓄积量分析，近熟林单位面积蓄积量最大，而之后随着年龄的增加，单位面积蓄积量逐渐减小，这时典型的"小老树"已经形成，急需进行林下补植其他针叶树种，或通过杨树嫁接等方法进行更新。

油松等松类蓄积量由大到小的顺序依次为：中龄林＞幼龄林＞过熟林＞近熟林＞成熟林。从单位面积蓄积量分析可以看出，近熟林单位面积蓄积量最大，到成熟林时单位面积蓄积量减少，这种原因主要是由于立地条件差，后期生长量较枯损小，造成单位面积蓄积量递减，在经营过程中要在近熟林阶段开始培养林下更新树种，逐渐形成复层、异龄、针阔混交林分，让其生态防护功能可持续。

落叶松蓄积量最大的是幼龄林和中龄林，从单位面积蓄积量可以看出，杨树局的落叶松也是前期生长表现较好，后期减退。杨树丰产林实验局的三个主要树种组都是在近熟林之前生长较快，到成熟林和过熟林阶段，生长量小于枯损量造成林地单位面积蓄积量减小。

（二）太岳山国有林管理局

由图 2-7 可以看出，太岳山国有林管理局有 12 个乔木优势树种（组），其中面积最大的针阔混交林，占到全局乔木林面积的 50.98%，其次为油松等松类 15.45%，杨树及软阔类 9.66%，阔叶混交林 8.05%。从森林蓄积量来看（图 2-8），太岳山国有林管理局蓄积量最大

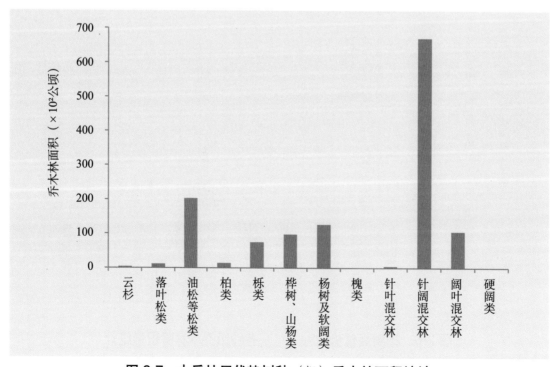

图 2-7　太岳林局优势树种（组）乔木林面积统计

的是针阔混交林，占到全局乔木林蓄积量的72.48%，其次是杨树及软阔类（占全局乔木林蓄积量的15.69%），落叶松最小，仅占0.002%。

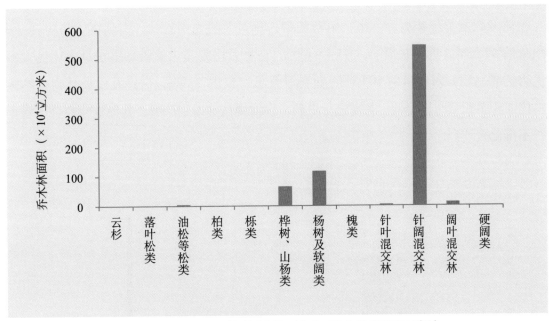

图 2-8　太岳林局优势树种（组）乔木林蓄积量统计

从优势树种的龄组结构来看（图 2-9），中龄林面积最大，幼龄林次之，近、成、过熟林面积逐步减少。这说明该林局林分结构较为合理，混交林比例较大，对于提高林地生产力，发挥森林多功能效益具有良好的作用。

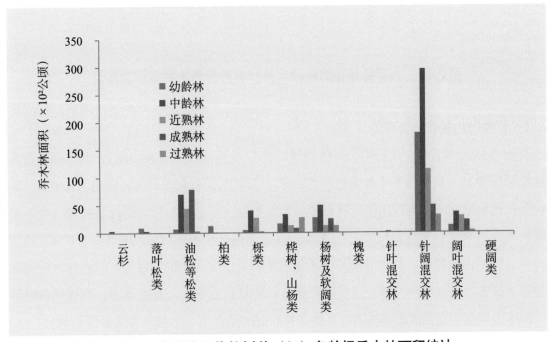

图 2-9　太岳林局优势树种（组）各龄级乔木林面积统计

从各龄组森林蓄积量和单位面积蓄积量来看，针阔混交林中中龄林占该优势树种（组）蓄积量最大，为51.39%，过熟林最小，仅占5.11%。整体来看，针阔混交林单位面积蓄积量较大，适宜采用目标树方法进行森林经营。

杨树及软阔类优势树种（组）中蓄积量占比最大的为中龄林，占到该优势树种（组）蓄积量的42.63%，近熟林最小，仅占9.68%。白桦及山杨类中中龄林蓄积量占比最大，占该优势树种（组）蓄积量的50.95%，过熟林最低，仅占5.89%，白桦及山杨林到过熟林阶段单位面积蓄积量明显降低，急需进行更新，以便提高林地生产力。其他优势树种（组）较小，不再此赘述。

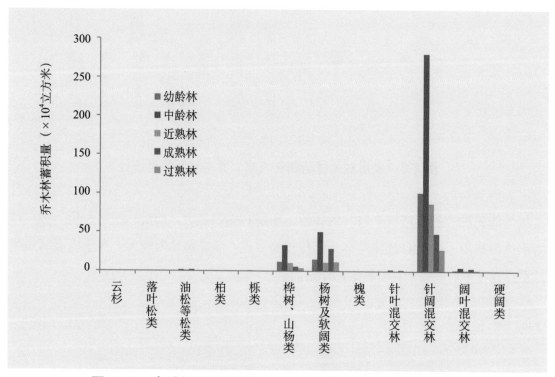

图 2-10　太岳林局优势树种（组）各龄级乔木林蓄积量统计

（三）太行山国有林管理局

从图 2-11 可以看出，太行山国有林管理局有 11 个乔木优势树种（组），其中面积最大的为油松等松类，占到全局乔木林面积的82.36%，其次为落叶松9.23%，栎类为4.81%。其他树种组占比都非常小。太行山国有林管理局中蓄积量（图 2-12）最大的优势树种（组）是油松等松类，占全局乔木林蓄积量的82.41%，其次为落叶松占6.19%，栎类占5.47%，其他优势树种（组）占比较小。油松等松类中各龄组蓄积量由大到小的顺序为：中龄林＞近熟林＞幼龄林＞成熟林＞过熟林，单位面积蓄积量从幼龄林到成熟林一直在增加，到过熟林略有降低，但不太明显，说明油松等松类在立地条件较好的条件下，尽量培育大龄级的林分。

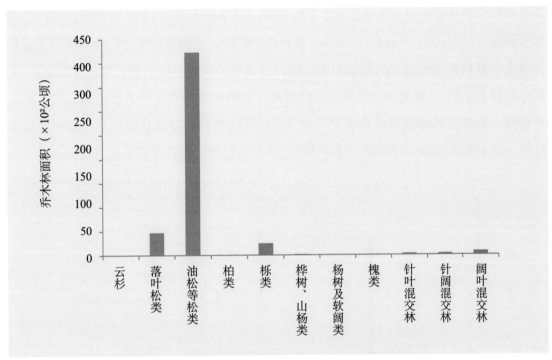

图 2-11　太行林局优势树种（组）乔木林面积统计

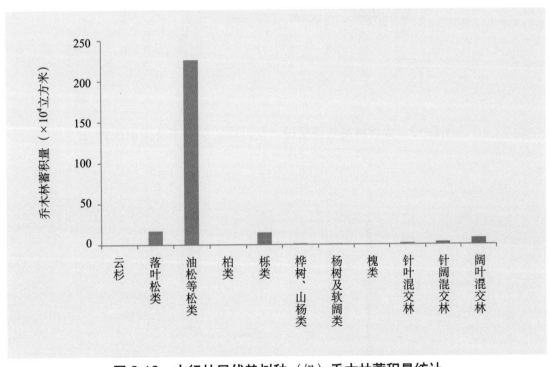

图 2-12　太行林局优势树种（组）乔木林蓄积量统计

从图 2-13 可以看出，优势树种（组）的龄组分配具有十分明显的特点，中龄林面积占乔木林面积的 66.64%，幼龄林面积占 17.78%，近熟林占 11.58%，成过熟林占比不大。油松等松类中的中龄林占到该优势树种（组）面积的 72.26%，说明太行林局以油松中龄林为主，需疏伐作业或生长伐，改善林分树种结构和空间结构，促进林地生产力提高和森林生态效益改善。

　　从各龄组森林蓄积量和单位面积蓄积量来看（图2-13和图2-14），优势树种落叶松中中龄林和幼龄林分别占57.39%和42.61%。只有两个龄级，说明这些落叶松基本为人工落叶松林。栎类中蓄积量占比最大的龄级为中龄林，占该优势树种（组）蓄积量的47.89%，成熟林最小，仅占1.5%，栎类为山西乡土阔叶树种，具有重要的利用价值和市场前景，应以培育大径材、长寿命的珍贵用材为培育目标，而且从幼龄林到过熟林单位面积蓄积量是递增的趋势，而不像杨树等阔叶树种，到成熟或过熟林阶段单位面积蓄积量就自然减少。

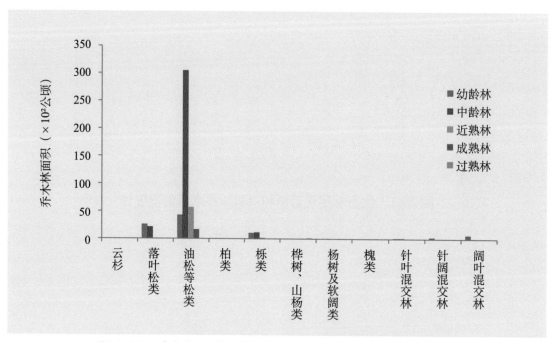

图2-13　太行林局优势树种（组）各龄级乔木林面积统计

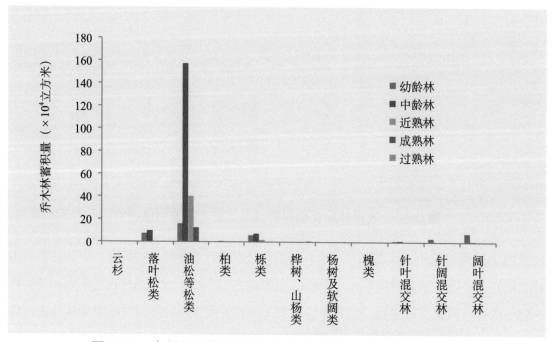

图2-14　太行林局优势树种（组）各龄级乔木林蓄积量统计

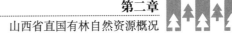

（四）中条山国有林管理局

中条山国有林管理局是山西境内面积最大的省直国有林管理局，从图 2-15 可以看出，中条林局具有 11 个乔木优势树种（组），其中面积较大的有油松等松类，占乔木林面积的 27.89%，栎类占 25.90%，阔叶混交林占 23.01%，针叶混交林占 10.55%，针阔混交林占 9.28%，而其他优势树种（组）相对较小。

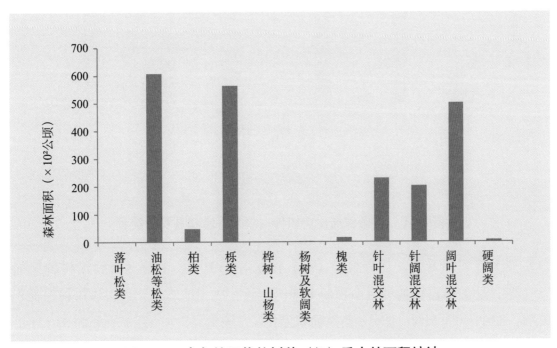

图 2-15　中条林局优势树种（组）**乔木林面积统计**

从乔木林蓄积量组成来看（图 2-16），油松等松类占比最大，单位面积生产力较高，此优势树种（组）占到中条林局乔木林总蓄积量的 28.57%，其次为阔叶混交林占 26.17%，栎类占 22.23%，针阔混交林占 10.69%，针叶混交林占 10.44%，以上五个优势树种（组）蓄积量占到了全局乔木林总蓄积量的 98.09%。从单位面积蓄积量来看，针阔混交林单位面积蓄积量最大，说明发展针阔混交林可以提高林地生产力，增加森林生态系统稳定性，可以最大限度发挥森林的社会、经济和生态效益。

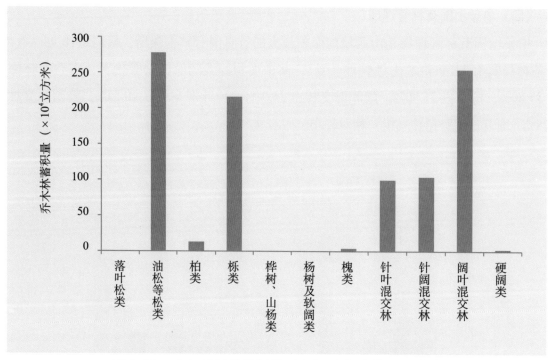

图 2-16　中条林局优势树种（组）乔木林蓄积量统计

　　从图 2-17 可以看出，优势树种（组）油松等松类中，中龄林占到该树种组面积的 55.52%，幼龄林占该树种组面积的 21.14%，近、成、过熟林分别占该树种组面积的 14.09%、8.64% 和 0.51%。栎类幼龄林面积最大，占该优势树种（组）面积的 33.32%，中

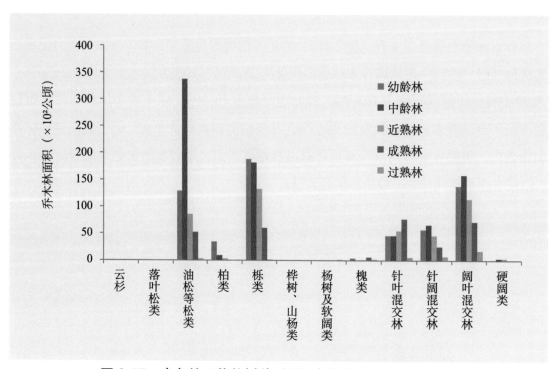

图 2-17　中条林局优势树种（组）各龄级乔木林面积统计

龄林占 32.20%，近熟林占 23.51%，而成熟林和过熟林分别占 10.68% 和 0.29%，近、成、过熟林绝大部分分布在交通不便，人口稀少的深山区。阔叶混交林也是该局比较典型的林分类型之一，阔叶树种种类繁多，比较珍贵的黄波罗、紫椴、椴子木等，其林龄结构也是中龄林占比为 31.74%，幼龄林 27.61%，近熟林 22.82%，成熟林 14.32%，而过熟林 3.51%，其他各优势树种总体占比较小。

从各龄组森林蓄积和单位面积蓄积来看（图 2-17 和图 2-18），在油松等松类优势树种中，中龄林蓄积占到该优势树种（组）蓄积量的 59.53%，其次是近熟林、幼龄林和成熟林，最低的为过熟林。从单位面积蓄积量看出，从幼龄林到过熟林单位面积蓄积量基本呈增加趋势，说明油松等松类可以采用以目标树为主的全周期森林经营方法，最终达到目标胸径，且保持单位面积产量不减少。

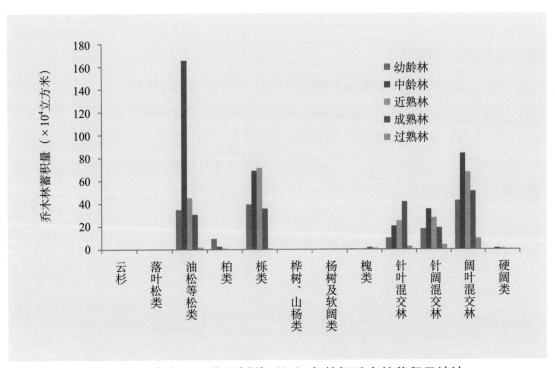

图 2-18　中条林局优势树种（组）各龄级乔木林蓄积量统计

阔叶混交林优势树种（组）各龄级蓄积量由大到小的顺序依次为：中龄林＞近熟林＞成熟林＞幼龄林＞过熟林，阔叶混交林单位面积蓄积量的变化规律是从幼龄林到成熟林增加，到过熟林时略有降低。说明培育阔叶混交珍贵用材林具有很大的前景。栎类在中条林局属比较典型的林分类型，在此优势树种（组）中近熟林占该优势树种（组）蓄积量的 32.99%，其次是中龄林、幼龄林和成熟林，最低的过熟林。从以上单位面积蓄积量分析可以看出，林地生产力从幼龄林到成熟林逐渐增加，到成熟林时达到最高，过熟林时略有降低，说明栎类是采用目标树经营法理念进行森林经营的最好树种之一，以培育大径材珍贵树种为主要目的。

针阔混交林中优势树种（组）各龄级蓄积量由大到小的顺序依次为：中龄林＞近熟林＞成熟林＞幼龄林＞过熟林，单位面积蓄积量变化规律是从幼龄林到成熟林逐渐增加，成熟林时达到最高，而到过熟林时降低，这就需要对现有过熟林采取林下更新，逐步伐除上层林木，着重培育更新层。

针叶混交林主要是油松和华山松混交林，在此优势树种（组）中成熟林蓄积量占该优势树种（组）蓄积量的比重最大，占41.82%，其次是近熟林、中龄林和幼龄林，成熟林最低，仅占2.48%，在此优势树种（组）中林龄结构不太合理，成熟林占比太高，需要调整林龄结构，并注重过熟林的改造。从中条林局主要优势树种（组）蓄积量分析看出，在中条林局以培育针阔混交林为主，首先可以提高单位面积蓄积量，其次林分具有稳定性和抵抗病虫害的能力。

（五）黑茶山国有林管理局

从图2-19可以看出，黑茶山国有林管理局共有10个乔木优势树种（组），最大面积的优势树种（组）为油松等松类，以油松纯林为主，占该局乔木林面积的23.10%，其次是阔叶混交林占19.70%，阔叶混交林绝大部分是天然萌生的山杨、白桦林与其他阔叶树种混交而形成，之后是针阔混交林15.74%，针阔混交林主要是通过山杨、白桦林改造之后形成的针阔混交林，白桦和山杨优势树种（组）占15.35%，其他树种组占比都比较小。

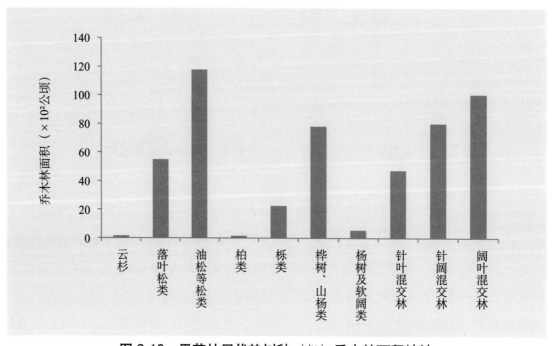

图2-19　黑茶林局优势树种（组）乔木林面积统计

从图 2-20 可知, 乔木林总蓄积量为 3843961.56 立方米, 占省直国有林管理局 (场) 蓄积量的 5.75%, 全局单位面积乔木林平均蓄积量为 75.46 立方米 / 公顷。在该局的各优势树种 (组) 中, 油松等松类的蓄积量占比最大, 占全局乔木林总蓄积量的 27.86%, 其次为阔叶混交林占 18.92%, 针阔混交林占 15.60%, 桦树、山杨类占 14.46%, 落叶松占 10.40%, 以上 5 个优势树种 (组) 蓄积量占到全局总蓄积量的 87.24%, 其他各优势树种 (组) 占比相对较小。

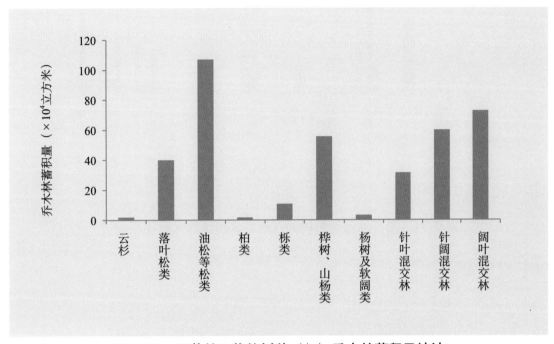

图 2-20 黑茶林局优势树种 (组) 乔木林蓄积量统计

从图 2-21 可以看出, 优势树种 (组) 油松等松类的林龄结构是中龄林较多, 占该树种组的 35.46%, 其次成熟林、近熟林和幼龄林, 过熟林占到 6.15%。树种结构不尽合理, 近熟林和成熟林占比较大, 要增加主要树种后备资源建设, 加强对近熟林、成熟林和过熟林的经营, 通过各种经营措施, 逐步改善其林龄结构。

阔叶混交林也是该林局的重要组成部分之一, 其中的过熟林面积占到该优势树种 (组) 的 48.30%, 中龄林占 29.79%, 成熟林 11.61%, 幼龄林和近熟林占比较小, 形成这种林龄结构的主要原因是在黄土高原丘陵沟壑区内散布着部分土石山, 作为先锋树种的山杨、白桦和其他杂木树种生长其中, 无论哪个龄级的林分, 都应对这样的林分采取抚育措施中的补植目的树种, 对原有的山杨、白桦进行采伐形成林中空地, 适当引进针叶树, 逐步引导形成针阔混交林, 对白桦和山杨优势树种 (组) 也采取同样的方式进行改造, 以提高林地的生产力。

从不同优势树种 (组) 各龄级的蓄积量和单位面积蓄积量来看 (图 2-21 和图 2-22), 在油松等松类优势树种 (组) 中, 由大到小的顺序依次为: 成熟林＞中龄林＞近熟林＞幼龄林＞过熟林, 从以上单位面积蓄积量看出, 从幼龄林到成熟林单位面积蓄积量持续增加, 成熟林时达到了 111.76 立方米 / 公顷, 从单位面积蓄积量看是山西省最好的油松林分, 到达过

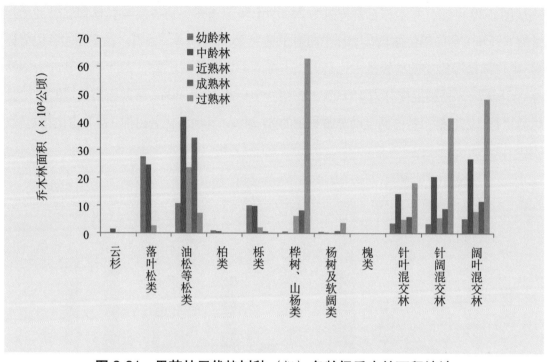

图 2-21　黑茶林局优势树种（组）各龄级乔木林面积统计

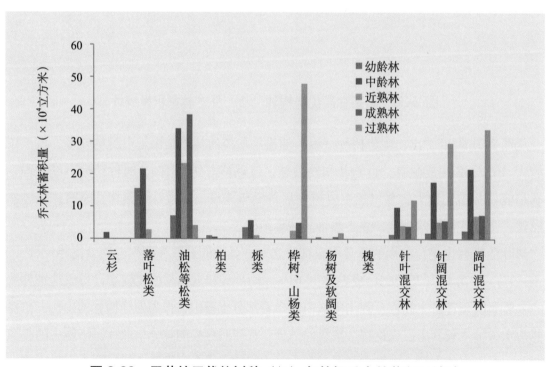

图 2-22　黑茶林局优势树种（组）各龄级乔木林蓄积量统计

熟林时单位面积蓄积量下降明显，需要采取更新伐等措施恢复林地生产力。

　　阔叶混交林优势树种（组）中各龄级蓄积量由大到小的顺序依次为：过熟林＞中龄林＞成熟林＞近熟林＞幼龄林，作为优势树种（组）其组成结构极不合理，过熟林蓄积量占到该林龄组蓄积量的 46.61%，占比最小的为幼龄林仅占 3.49%，急需对过熟林分进行更新，首

先调整林龄结构，并注重引入珍贵阔叶树种。

针阔混交林优势树种（组）中过熟林蓄积量占到该优势树种（组）蓄积量的49.36%，其次为中龄林、成熟林和近熟林，幼龄林最低，仅占3.12%，此优势树种（组）单位面积蓄积量变化规律比较零乱，可能与各林龄组所立地条件有关。

山杨桦树类中过熟林占该优势树种（组）蓄积量的86.23%，其次为成熟林、近熟林，幼龄林和中龄林占比较小，过熟林蓄积量占比太大，急需进行林龄调整。落叶松中中龄林占比最大，占到该优势树种（组）蓄积量的53.96%，单位面积蓄积量87.66立方米/公顷，幼龄林占38.95%，单位面积蓄积量为56.55立方米/公顷，近熟林占7.09%，单位面积蓄积量104.43立方米/公顷，这里的落叶松长势良好，单位面积产量较高。

（六）吕梁山国有林管理局

吕梁山国有林管理局所辖面积跨越吕梁山和太行山，从图2-23可以看出，吕梁林局包括10个乔木林优势树种（组），其中面积最大的为栎类，占该局乔木林面积的34.79%，其次是阔叶混交林20.57%，针阔混交林占11.17%，油松及其他松类占10.43%，柏类占6.62%，桦树、山杨类占6.50%，针叶混交林占6.08%，其他树种组占比较小。

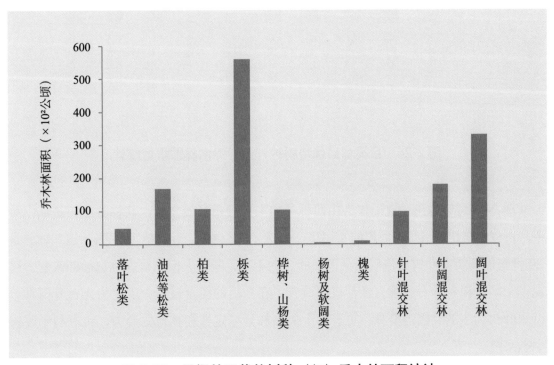

图 2-23　吕梁林局优势树种（组）乔木林面积统计

　　吕梁山国有林管理局总蓄积量在省直国有林管理局（场）中占第三位，总蓄积量达到8573328.57 立方米，但单位面积蓄积量仅比实验林场和杨树局大，为 53.28 立方米 / 公顷，说明林分质量不是很好。吕梁林局中优势树种蓄积量占比最大的为栎类，占到全局总蓄积量的 32.20%，其次为阔叶混交林占 23.02%，针阔混交林占 12.62%，油松等松类 10.84%，桦树山杨类占 7.30%，针叶混交林 6.29%，柏树占 4.96%，其他优势树种（组）蓄积量占比较小，优势树种（组）组成结构中栎类蓄积量最大的林局只有吕梁林局，且柏木蓄积量可以占到全局乔木林蓄积量的 4.96%（图 2-24），这两个优势树种（组）都是比较珍贵的用材树种，应加强培育管理。

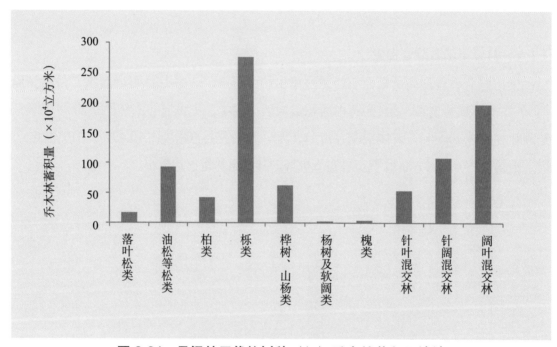

图 2-24　吕梁林局优势树种（组）乔木林蓄积量统计

　　从图 2-25 可以看出，该局作为山西栎类的主要分布区域之一，其林龄结构是以中龄林为主，占该优势树种（组）面积的 45.43%，幼龄林 38.94%，近熟林 15.39%，这些林分是经过 20 世纪的栎类阔叶树改造后残存下来的。近年来，随着人们培育森林观念的改变，逐渐重视乡土阔叶树种培育经营，经营得到改善，在今后的经营过程中少量引入针叶树种，形成以阔叶树为主的针阔混交林，更有利于提高林分稳定性和林地生产力，也有利于改善森林生态系统。

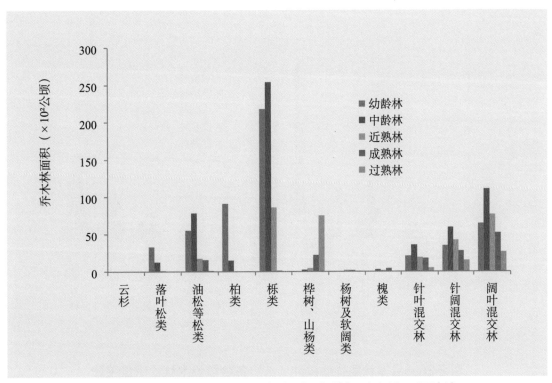

图 2-25　吕梁林局优势树种（组）各龄级乔木林面积统计

优势树种（组）阔叶混交林与黑茶林局的情况一样，也是由山杨、白桦和其他杂木所形成，其经营理念也基本相同。针阔混交林是在栎类或山杨、白桦林分改造过程中栽植了油松或华北落叶松后，由人工栽植的针叶树种和萌生所形成的阔叶树混交而成，也有部分天然混交的林分，其林龄结构是以中龄林为主，占该优势树种（组）面积的 33.12%，近熟林占 23.66%，幼龄林 19.41%，成熟林 15.44%，过熟林 8.37%。油松及松类为该局的第三大优势树种，在此树种组中，中龄林占 46.72%，幼龄林 32.94%，近熟林 10.31%，成熟林 9.21%，过熟林占比较小。柏树是当地的天然分布种，其龄组结构以幼龄林和中龄林为主，分别占该优势树种面积的 85.53% 和 13.89%，而近、成、过熟林面积很小，这与当地传统习惯有着密切的关系，应以培养大径材柏木为主要方向，在特殊困难立地上栽植抗性极强的柏木树。白桦及山杨的优势树种（组）的林龄结构与黑茶林局相当，其经营措施和途径也基本相似。

从不同优势树种（组）各龄级的蓄积量和单位面积蓄积量来看（图 2-25 和图 2-26），栎类优势树种（组）中中龄林单位面积蓄积量 47.51 立方米 / 公顷，其次是幼龄林和近熟林，成熟林和过熟林蓄积量占比很小，而单位面积蓄积量成熟林为 94.69 立方米 / 公顷，过熟林为 41.56 立方米 / 公顷，单位面积蓄积量从幼龄林到成熟林增加明显，到过熟林时下降达50% 以上。

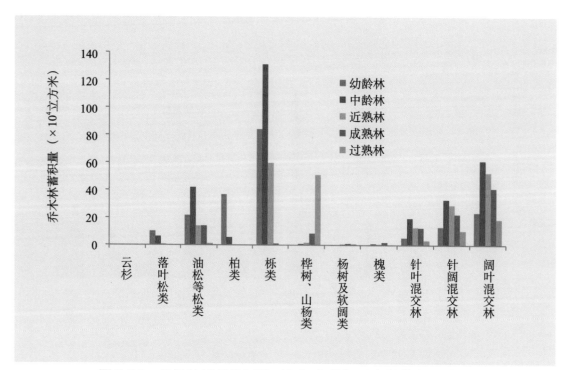

图2-26 吕梁林局优势树种（组）各龄级乔木林蓄积量统计

　　阔叶混交林中中龄林蓄积量占该优势树种（组）蓄积量的31.02%，其次为近熟林、成熟林和幼龄林，过熟林最低占9.88%。从单位面积蓄积量看出，林地生产力随着林龄的增加而增加，到过熟林时略有降低。

　　针阔混交林中中龄林蓄积量占该优势树种（组）蓄积量的30.46%，近熟林、成熟林和幼龄林分别占26.93%、20.66%和12.14%，过熟林9.81%，针阔混交林单位面积蓄积量持续增加，直至过熟林时略有降低，说明培育针阔混交林对于林分稳定性具有重要作用。

　　油松等松类在吕梁林局占比不大，油松林各龄级中最大的为中龄林，其蓄积量占该优势树种（组）蓄积量的45%，最小的为过熟林，仅占1.53%，从单位面积蓄积量可以看出，从幼龄林到过熟林单位面积蓄积量持续增加，所以油松等松类应作为吕梁林局的主要培育目的树种之一，可以用于培养长期生长的大径材，与目前森林可持续经营的理念相吻合。

　　桦树山杨类总体占比较小，其中过熟林蓄积量占到该优势树种（组）总蓄积量的81.78%，其次为成熟林、近熟林和中龄林，幼龄林占比最小，此优势树种（组）蓄积结构极不合理，呈倒三角形分布，急需采取有效的经营措施，引入目的树种，形成针阔混交林等稳定林分。

　　针叶混交林中中龄林占36.10%，近熟林、成熟林和幼龄林分别占23.99%、23.30%和10.09%，过熟林6.52%，混交林的稳定性在针叶混交林中也得到体现。

　　在柏树优势树种中幼龄林蓄积量占该优势树种(组)蓄积量的86.16%，最小的为近熟林，仅占0.64%。从单位面积蓄积量来看，幼龄林蓄积量最大，而近熟林蓄积量最小，这看似违背生长规律的现象可能与当地民俗有关。当地居民偷砍滥伐大龄级林分，把径阶大的柏木盗伐用作棺材，这可能是导致这种结果的主要原因。从吕梁林局各优势树种单位面积蓄积量分析可以得出，混交林具有稳定性，并能持续提高林地生产力。

（七）山西林业职业技术学院东山实验林场

由图 2-27 可以看出，东山实验林场仅有 7 个乔木优势树种（组），其中面积最大的为油松等松类，占到全林场面积的 50.66%，其次为针阔混交林 26.31%，阔叶混交林 14.17%，其他树种组占比较小。

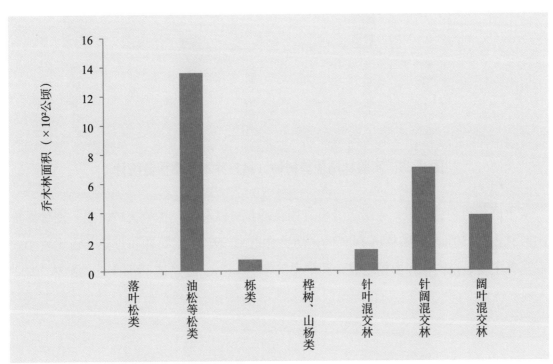

图 2-27　实验林场优势树种（组）乔木林面积统计

全林场乔木林蓄积量为 128273.625 立方米，在乔木林中，蓄积量占比最大的优势树种（组）为油松等松类，占到全场乔木林蓄积量的 56.47%，其次为针阔混交林（占全场乔木林蓄积量的 21.79%），阔叶混交林占全场乔木林蓄积量的 11.74%，针叶混交林占全场乔木林蓄积量的 4.42%，其他各优势树种（组）蓄积量占比较小（图 2-28）。说明该实验林场的优势种群为油松等松类。

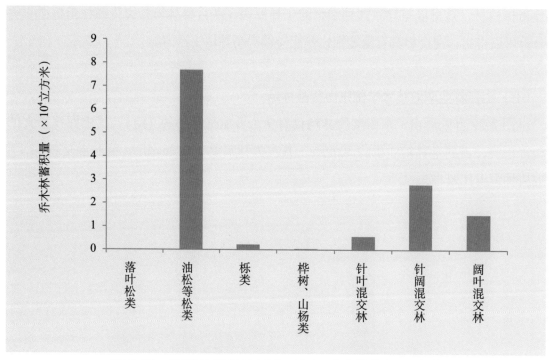

图 2-28　实验林场优势树种（组）乔木林蓄积量统计

　　从不同优势树种（组）各龄级分析（图 2-29）可以看出，优势树种（组）油松等松类的中龄林占 73.30%，近熟林占 14.57%，幼龄林占 10.99%，成熟林和过熟林占比较小。针阔混交林主要是由油松和山杨组成，其中中龄林 70.88%、近熟林 19.10%、幼龄林 10.02%，

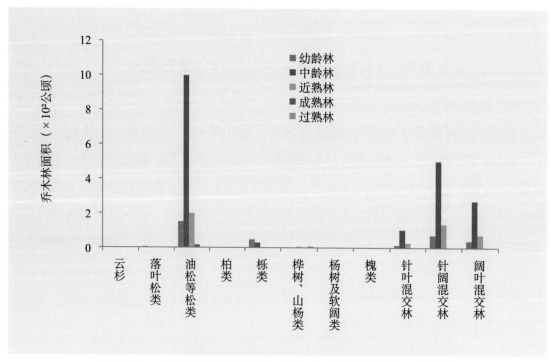

图 2-29　实验林场优势树种（组）各龄级乔木林面积统计

没有成熟林和过熟林。阔叶混交林主要是由山杨和其他杂木所组成，其中中龄林占70.88%、近熟林19.10%、幼龄林10.02%，无成熟林、过熟林。东山实验林场特殊的地理位置和功能，使得其经营方向和策略也有所不同，首先应该把林场范围内的灌木林地通过人工造林改变成有林地，注意植物多样性和科学研究工作。

从不同优势树种（组）各龄级的蓄积量和单位面积蓄积量来看（图2-29和图2-30），油松等松类中中龄林蓄积量占该优势树种（组）蓄积量的82.50%，近熟林占16.04%，其他各龄组蓄积量占比很小，中龄林和近熟林单位面积蓄积量基本相同的原因是近熟林单位面积株数少造成的。

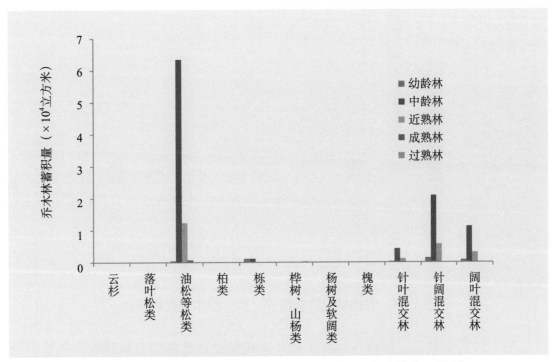

图2-30　实验林场优势树种（组）各龄级乔木林蓄积量统计

针阔混交林中中龄林蓄积量占该优势树种（组）蓄积量的74.50%，其次为近熟林和幼龄林，无成熟林和过熟林。阔叶混交林中中龄林蓄积量占到该优势树种（组）蓄积量的74.50%，近熟林占20.42%，幼龄林仅占5.08%，没有其他龄级。

针叶混交林中龄林蓄积量占该优势树种（组）蓄积量的74.5%，近熟林占20.42%，幼龄林仅占5.08%，从以上各优势树种（组）单位面积蓄积量和各龄级蓄积量分析得知，东山实验林场的乔木林主要是以中龄林为主，有少部分的幼龄林和近熟林，基本没有成熟林和过熟林，需要加强培育，调整林龄结构。

（八）管涔山国有林管理局

管涔山国有林管理局位于吕梁山西侧，是山西重要的天然林分布区，其典型林分为华北落叶松和云杉林。从图2-31可以看出，林局范围内有10个乔木林优势树种（组），其中面积最大的优势树种（组）是落叶松类，占该局乔木林面积的47.09%，其次为云杉林面积占27.50%，针叶混交林占6.33%，针叶混交林主要是华北落叶松与云杉形成的混交林，油松等松类占6.21%，针阔混交林占5.63%，阔叶混交林占3.81%，其他优势树种（组）面积占比都较小。

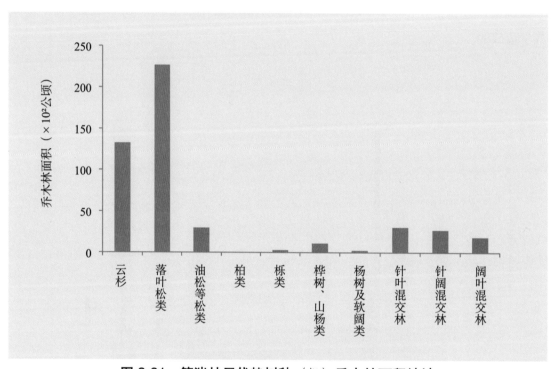

图2-31　管涔林局优势树种（组）乔木林面积统计

从图2-32可以看出，管涔林局乔木林总蓄积量在省直各国有林管理局总蓄积量中仅占8.33%，但单位面积蓄积量为全省最高，为98.31立方米/公顷，全局总蓄积量为4738663.59立方米。其中落叶松优势树种（组）蓄积量占全局总蓄积量的比重最大为50.41%，其次为云杉占32.74%，油松等松类占5.70%，针叶混交林主要是落叶松与云杉的天然混交林，针叶混交林优势树种（组）蓄积量占全局总蓄积量的3.61%，单位面积蓄积量为56.08立方米/公顷，其他优势树种（组）蓄积量占比较小，从以上各优势树种（组）单位面积蓄积量看出，最高的为云杉优势树种（组）。

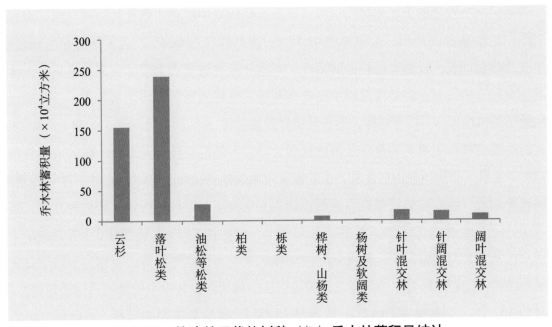

图 2-32 管涔林局优势树种（组）乔木林蓄积量统计

　　华北落叶松作为管涔山国有林管理局的典型树种之一，其林龄结构中（图 2-33）中龄林占到该优势树种（组）面积的 58.10%，幼龄林占 28.02%，而近、成、过熟林面积分别占该优势树种（组）的 5.09%、4.54% 和 4.26%。华北落叶松具有生长快、干形好、材质优良等特点，是该局重点经营管理的地域性优良树种，也是山西最大内陆河汾河发源地的天然分布树种，需要在经营过程中逐步改善林相单一，引入适宜阔叶树种，并注意林下灌木层的培育，使其林地生产力和生态效益双丰收。

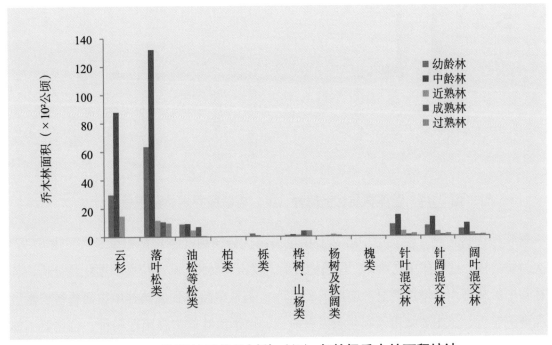

图 2-33 管涔林局优势树种（组）各龄级乔木林面积统计

该局另一个重要的天然树种为云杉，其龄组结构是中龄林占该优势树种（组）面积的66.29%，幼龄林占22.40%，近熟林占11.15%，成熟林仅占0.16%，云杉林前期生长较慢，但生长持续时间长，且具有极强的耐阴性，在落叶松林遭受人为破坏或采伐之后，天然更新的绝大部分为云杉，在经营过程中要充分利用其良好的更新和耐阴等特点，及时对已更新的幼苗幼树进行人工抚育定株，逐步形成异龄复层林。

针叶混交林的主要类型是华北落叶松和云杉的天然混交林。两个针叶树的天然分布海拔存在着重叠，是该区域内最常见，也是混交效果最好的针叶混交林。从图2-34可以看出，不同优势树种（组）各龄级结构森林蓄积量的变化特征，中龄林占该优势树种（组）面积的49.04%，幼龄林占27.43%，近熟林占12.71%，过熟林7.03%，成熟林3.78%，在缺少适宜混交的阔叶树种的情况下，形成针叶混交林也是较为稳定的群落，应作为本局重点发展的林分结构。油松等松类主要分布在该局浅山区的林场内，其中中龄林占该优势树种（组）面积的30.35%，幼龄林占29.12%，成熟林22.88%。该局最主要的云杉、落叶松也是华北森林中最典型的森林类型，是天然林保护工程中最具代表性的。

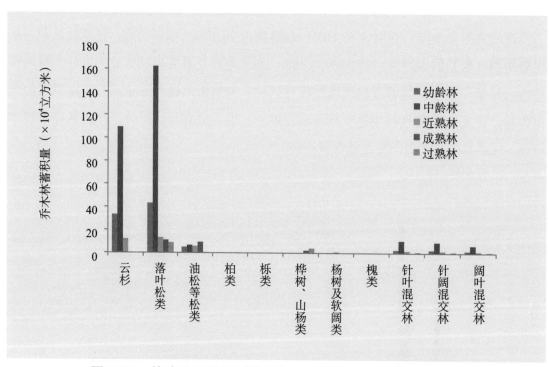

图2-34 管涔林局优势树种（组）各龄级乔木林蓄积量统计

落叶松优势树种（组）中中龄林蓄积量占该优势树种（组）蓄积量最大，为67.92%，其次为幼龄林、近熟林和成熟林，过熟林最低，仅占3.56%。从单位面积蓄积量分析，从幼龄林到中龄林蓄积量增加明显，增加了81.25%，但从中龄林到成熟林单位面积蓄积量呈逐渐降低的态势，这主要是由于在生长发育阶段，由于落叶松为强阳性树种，自然竞争林木株数减少而导致单位面积蓄积量减少，但单株材积增加所致。

云杉为阴性树种，在云杉优势树种中，由大到小的顺序依次为：中龄林＞幼龄林＞近熟林＞成熟林，无过熟林。从单位面积蓄积量看，其变化规律是波动的，可能的原因是近熟林林分所在的立地条件差，经营过程中出现过度采伐等现象造成的，但从过熟林看出，云杉林可以培育大径材，并保持长周期经营而单位面积蓄积量不减小。云杉优势树种（组）中成熟林的单位面积蓄积量是全省各优势树种（组）中最大的，且主要分布在管涔山国有林管理局，五台山国有林管理局也有少量分布，但单位面积蓄积量最大的近熟林 142.19 立方米 / 公顷。

油松等松类在管涔林局不是主要优势树种（组），主要分布在浅山区，油松等松类优势树种（组）中成熟林占比最大为 34.16%，其次为中龄林、近熟林和幼龄林，过熟林 2.50%，单位面积蓄积量变化规律为从幼龄林到成熟林逐渐增加，到过熟林有所下降。

针叶混交林中各龄级蓄积量由大到小的顺序依次为：中龄林＞幼龄林＞近熟林＞过熟林＞成熟林，单位面积蓄积量变化规律从幼龄林到中龄林是增加的，但从中龄林到过熟林逐渐减小。

（九）五台山国有林管理局

五台山国有林管理局因位于全国佛教圣地五台山而得名，五台山国有林管理局位于太行山的北端，森林类型与管涔林局基本相似。由图 2-35 可以看出，共有 9 个乔木优势树种（组），其中面积最大的是华北落叶松，占到全局乔木林面积的 46.79%，其次为油松等松类占 27.28%，桦树、山杨类占 10.73%，云杉仅占 4.11%。五台林局和管涔林局优势树种（组）

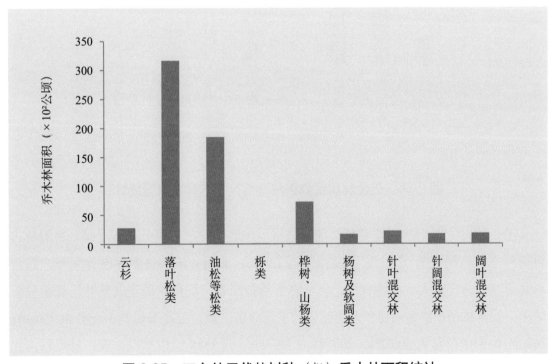

图 2-35 五台林局优势树种（组）乔木林面积统计

具有相似性，都是以华北落叶松为主，但管涔林局华北落叶松林龄大于五台林局，但其面积而言，五台林局大于管涔林局。云杉天然林是两个局的主要树种之一，但管涔林局云杉面积远远大于五台林局。林龄结构上看，管涔林局的云杉也大于五台局的云杉。油松也是两个局的主要目的树种之一，但从分布区域来看油松主要分布在浅山区，与华北落叶松和云杉形成海拔梯度。

五台山国有林管理局也是华北落叶松和云杉林的天然分布区，全局的乔木林蓄积量为4398038.26 立方米，全局蓄积量占省直国有林管理局（场）蓄积量的 7.73%，全局单位面积蓄积量为 65.01 立方米 / 公顷。在林局的优势树种（组）中，蓄积量最大的为落叶松类，占全局乔木林总蓄积量的 58.05%，单位面积蓄积量为 80.66 立方米 / 公顷，其次为油松等松类蓄积量占全局乔木林总蓄积量的 18.76%，单位面积蓄积量 44.71 立方米 / 公顷，桦树、山杨类占 6.66%，单位面积蓄积量 40.34 立方米 / 公顷，针叶混交林占 2.09%，单位面积蓄积量41.83 立方米 / 公顷，其他优势树种（组）蓄积量占比较小（图 2-36）。

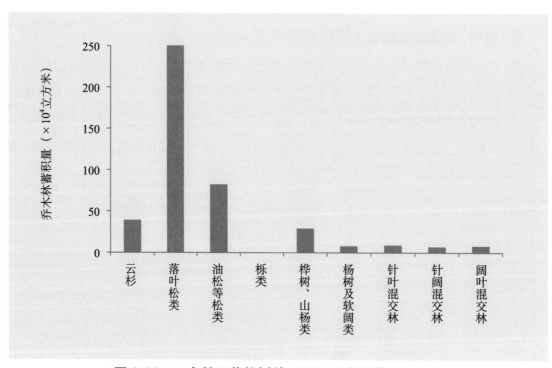

图 2-36　五台林局优势树种（组）乔木林蓄积量统计

从图 2-37 中可以看出，主要优势树种（组）华北落叶松龄级分布情况是，中龄林占该优势树种（组）面积的 62.31%，幼龄林占 32.91%，而近、成、过熟林占比很小。五台林局华北落叶松总面积大于管涔林局，但从林龄结构来看，五台林局华北落叶松普遍较管涔林局小，五台林局仍然是山西华北落叶松的主要分布区域。油松等松类主要分布在浅山区，其林龄结构中中龄林占 50.02%，幼龄林占 30.74%，近熟林占 17.07%，成、过熟林占比极小。桦树、山杨类作为高山区的先锋树种，过熟林占到该优势树种（组）的 54.09%，成熟

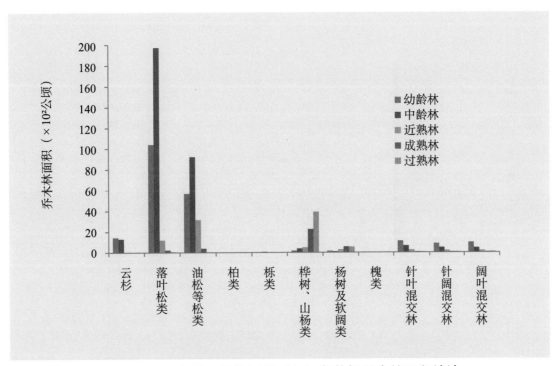

图 2-37 五台林局优势树种（组）各龄级乔木林面积统计

林占31.17%，而幼、中、近熟林三者才占14.74%，在今后的森林经营工作中通过采伐部分桦树、山杨，形成林中空地或天窗，引入目的树种华北落叶松或云杉，引导形成针阔混交林。云杉林面积较小，且目前主要是中龄林、幼龄林，在华北落叶松和云杉分布的交错地带，适当注意云杉林的培育，改变单树种的针叶林为针叶混交林。

从不同优势树种（组）各龄级的蓄积和单位面积蓄积量来看（图2-37和图2-38），可以看出，优势树种（组）落叶松中中龄林蓄积量占该优势树种（组）蓄积量的71.95%，其次为幼龄林、近熟林和成熟林，过熟林仅占0.33%。落叶松优势树种（组）中中龄林蓄积量占比最大，但与管涔林局落叶松相比，单位面积蓄积量偏小，可以说管涔林局落叶松是山西生长量最大的落叶松。

油松等松类中中龄林蓄积量占比最大，占到该优势树种（组）蓄积量的56.41%，近熟林、幼龄林和成熟林分别占23.27%、16.55%和3.77%，过熟林占比不到0.01%，单位面积蓄积量从幼龄林到过熟林逐渐增加。

桦树、山杨类中过熟林占该优势树种（组）蓄积量的59.58%，其次是成熟林、近熟林和中龄林，幼龄林占1.05%，蓄积量占比从幼龄林到过熟林成倒三角形，过熟林几乎占到了60%，急需进行更新，培育新一代目的树种，尽量培育针阔混交的稳定群落。

针叶混交林中幼龄林蓄积量占该优势树种（组）蓄积量的42.62%，其次是中龄林占39.50%，近熟林、过熟林分别占12.54%和2.77%，成熟林占2.57%，单位面积蓄积量34.16立方米/公顷，这里的针叶混交林主要是华北落叶松与云杉的混交林，从单位面积蓄积量看五台林局比管涔林局小，可以加强培育，促进林分生长。

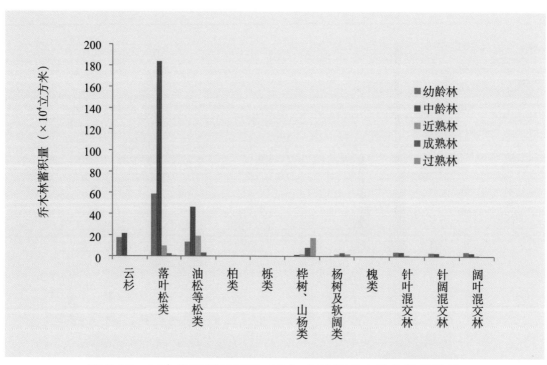

图 2-38　五台林局优势树种（组）各龄级乔木林蓄积量统计

（十）关帝山国有林管理局

关帝山国有林管理局位于吕梁山的中南部，是山西省第二大省直国有林管理局。由图 2-39 可以看出，全局共有 11 个乔木优势树种（组），其中面积最大的是油松等松类，占

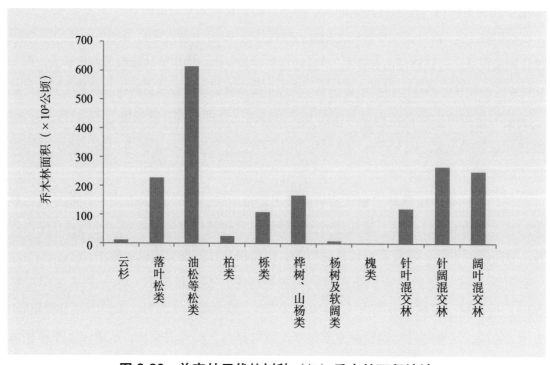

图 2-39　关帝林局优势树种（组）乔木林面积统计

全局乔木林面积的 34.11%，其次是针阔混交林 14.77%、阔叶混交林 13.85%、华北落叶松 12.64%、桦树山杨类 9.28%、针叶混交林 6.73%，而其他优势树种（组）面积仅占 8.62%。

关帝山国有林管理局所辖林场主要分布在吕梁山的东西两侧，是山西最早的森林经营单位之一，全局乔木林蓄积量 13601417.6 立方米，占省直国有林管理局（场）总蓄积量的 23.88%，占比在全省最大，全局平均单位面积蓄积量为 75.46 立方米 / 公顷，仅次于管涔林局排名第二，所以关帝山国有林管理局是山西蓄积量最大，单位面积蓄积量较好的国有林管理局。本局优势树种（组）中蓄积量最大的是油松等松类，占到该局总蓄积量的 43.91%，其次为落叶松，针阔混交林，阔叶混交林，桦树、山杨类及栎类，其他优势树种（组）蓄积量占比较小（图 2-40）。

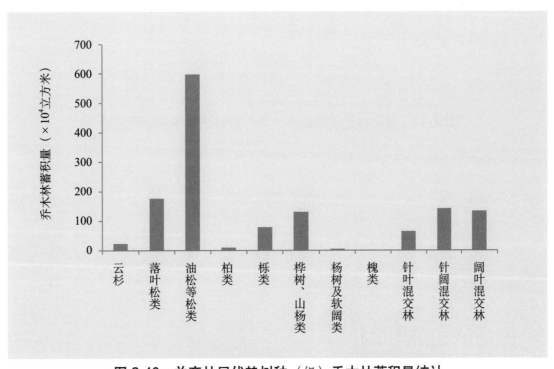

图 2-40　关帝林局优势树种（组）乔木林蓄积量统计

由图 2-41 可以看出，优势树种（组）油松等松类中近熟林占该优势树种（组）面积的 48.72%，成熟林占 30.98%，中龄林占 17.82%，幼龄林 1.62%，过熟林 0.82%。从优势树种（组）的林龄结构来看，近、成熟林面积过大，在今后的森林经营工作中要通过补植、择伐或小面积皆伐等方式逐渐改善林龄结构，形成稳定可持续发展的森林生态系统。

针阔混交林主要是由油松与栎类和山杨等混交形成的，其林龄结构中过熟林占到该优势树种（组）面积的 47.57%，中龄林占 27.04%，成熟林 11.70%，近熟林 8.17%，幼龄林占 5.52%，林龄结构极不合理，要对过熟林加大改造力度，增加目的树种的幼树比例，伐除非目的树种，引导形成异龄、复层、针阔混交的林分。

从不同优势树种（组）各龄级的蓄积量和单位面积蓄积量来看（图 2-41 和图 2-42），针

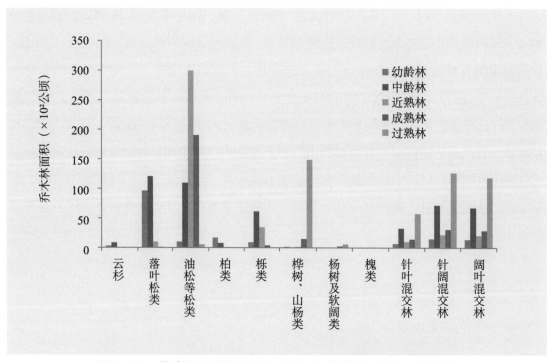

图 2-41 关帝林局优势树种（组）各龄级乔木林面积统计

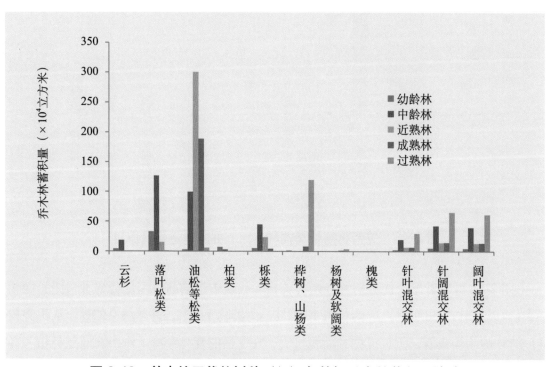

图 2-42 关帝林局优势树种（组）各龄级乔木林蓄积量统计

阔混交林在关帝林局位列第三，过熟林蓄积量占该优势树种（组）蓄积量的 46.03%，其次为中龄林、成熟林和近熟林，幼龄林仅占 3.58%。从各龄组蓄积量占比来看，龄级结构不尽合理，从单位面积蓄积量看变化规律不明显，这样的变化规律与立地条件和过去经营措施有着密切的关系，应调整经营措施。

　　阔叶混交林主要是由栎类与其他杂木混交而成，其林龄结构中过熟林占该优势树种（组）面积的 47.57%，中龄林占 27.04%，成熟林 11.70%，近熟林 8.17%，幼龄林 5.52%。林龄结构极不合理，需通过择伐和小面积皆伐等方式引入针叶树种，逐步引导形成针阔混交林。

　　华北落叶松中中龄林占该优势树种（组）面积的 52.80%，幼龄林占 42.28%，其他龄级占比较小。阔叶混交林优势树种（组）中过熟林蓄积量占到该优势树种（组）蓄积量的 46.03%，中龄林、成熟林和近熟林分别占 29.84%、10.42% 和 10.13%，幼龄林占 3.58%，阔叶混交林绝人部分是过去偷砍滥伐或无序砍柴之后留下来的残次林，所以各龄组单位面积蓄积量变化规律零乱，或没有采取过经营措施，使得过熟林蓄积量占到该优势树种（组）蓄积量的 46.03%，急需采取合理的营林措施，调整龄组结构。桦树、山杨类中过熟林蓄积量占到该组蓄积量的 92.11%，单位面积蓄积量 80.47 立方米／公顷，其他各龄级占比都比较小，需要通过引进目的树种，改变原有林分类型，使林地变为针阔混交林。

　　桦树、山杨类中过熟林占该优势树种（组）面积的 89.08%，而其他林龄组比例都很小，此种林分经营技术与五台林局的此类林分相同。针叶混交林主要是由华北落叶松与云杉或与油松混交而成，其过熟林面积占该优势树种（组）面积的 47.57%，中龄林占 27.04%，成熟林 11.70%，其他龄级占比较小，这些林分主要分布在交通不便的深山区和自然保护区内，这些林分应在保护的前提下，通过自然演替或引入阔叶树种。

　　在油松等松类优势树种（组）中近熟林蓄积量占该优势树种（组）蓄积量的 50.29%，其次为成熟林、中龄林和过熟林，幼龄林仅占 0.51%，从单位面积蓄积量来看，山西省最好的油松等松类是在关帝山国有林管理局。

　　落叶松优势树种（组）中中龄林蓄积量占到该优势树种（组）蓄积量的 71.91%，幼龄林、近熟林和成熟林分别占 18.84%、8.55% 和 0.60%，过熟林仅占 0.13%，落叶松近熟林单位面积蓄积量在山西省最大。

　　栎类中中龄林蓄积量占到该优势树种（组）蓄积量的 57.27%，其次为近熟林、幼龄林和成熟林，过熟林最低，仅占 0.15%。栎类作为山西重要的珍贵乡土树种，在过去的经营过程中是以烧火柴的形式进行经营的，离村庄的远近程度影响栎类林的破坏程度，导致各龄级蓄积量变化规律不尽相同，应加强栎类林的经营管理，促进珍贵大径材的培育。

五、省直国有林乔木林森林起源结构

　　根据森林资源规划调查细则规定，林地按照起源分为天然林和人工林，其中天然林是指天然下种或萌生形成的有林地、疏林地、未成林地、灌木林地；人工林指人工植苗、直播、扦插、嫁接、分殖或插条形成的有林地、疏林地、未成林地、灌木林地。本研究对山西省直国有林所辖森林资源中乔木林面积、蓄积起源结构和省直国有林管理局（场）优势树种（组）起源结构和优势树种（组）各龄级的起源分别阐述。

（一）省直国有林管理局（场）森林起源结构

从图 2-43 可以看出，山西省直国有林资源中，天然林和人工林相比，无论从林分面积还是森林蓄积量来看都要大，天然林面积是人工林面积的 1.36 倍，天然林蓄积量是人工林蓄积的 1.55 倍。可见，林分面积与森林蓄积量之间呈正相关关系。

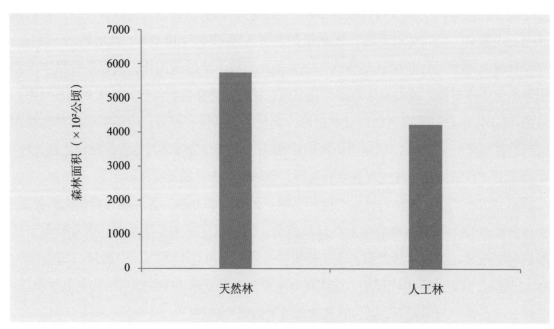

图 2-43　山西省直国有林森林资源乔木林面积结构

从图 2-44 可以看出，天然林资源最丰富的关帝林局，可达 1461.37×10² 公顷，其次是吕梁林局和中条林局，最低的为杨树局，仅为 3.75×10² 公顷；相比之下，中条林局人工林

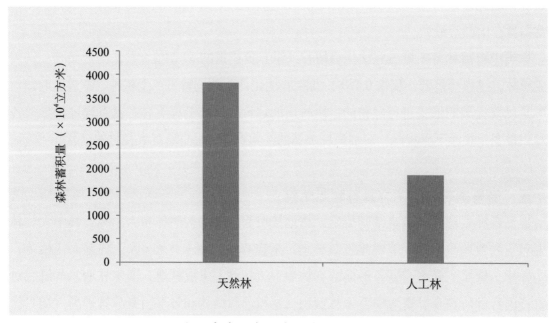

图 2-44　山西省直国有林森林资源乔木林蓄积结构

资源最多，可达 866.92×10^2 公顷，杨树局次之，为 859.01×10^2 公顷，可以明显看出杨树局主要是以人工林为主，这可能与当时的气候环境条件有关，自然地理条件恶劣，绝大部分区域的年降水量在 400 毫米以下，适生树种极其匮乏造成的。

从图 2-45 至图 2-46 可以看出，天然林森林蓄积量位列前三的分别是关帝林局、吕梁林

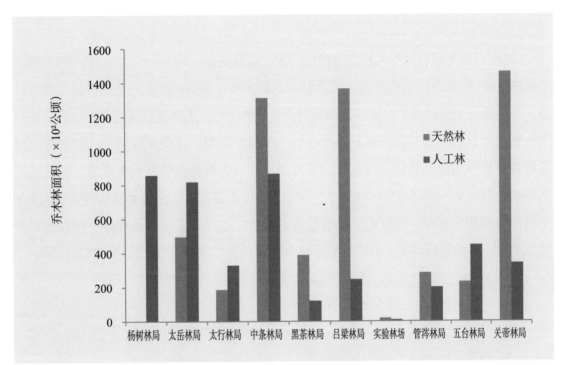

图 2-45　山西各省直国有林管理局（场）森林资源中乔木林面积起源结构

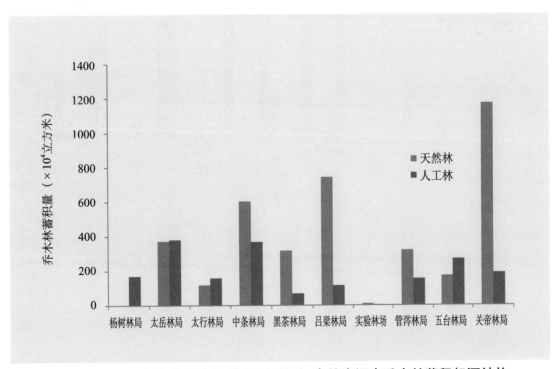

图 2-46　山西各省直国有林管理局（场）森林资源中乔木林蓄积起源结构

局和中条林局，杨树局最低，这与天然林林分面积一致；但从人工林的蓄积量上来看，太岳林局最大，可达 7427757.30 立方米，而杨树局虽然人工林面积占比大，但蓄积量并不是很大，仅为 1678878.791 立方米，位列第五，排在中条林局、五台林局和关帝林局之后，占所有林局（场）蓄积总量的 7.52%。可见，杨树局恶劣有限的环境条件下，其森林蓄积量依然很低。

（二）山西省直国有林乔木林优势树种（组）起源结构

从图 2-47 至图 2-48 可以看出，天然林面积最大的是栎类，其次是油松等松类和阔叶混交林，排在后三个的是槐类、硬阔类和杨树及软阔类；而人工林面积排在前三位的是油松等松类、杨树及软阔类和针阔混交林，排在后三个的是柏类、槐类和硬阔类，对于天然林和人工林林分面积相比，杨树及软阔类的变化最大。从天然林森林蓄积量来看，排在前三的依然是油松等松类、阔叶混交林和栎类，排在后三个的是槐类、硬阔类和杨树及软阔类；从人工林森林蓄积量来看，排在前三的是针阔混交林、油松等松类和落叶松，排在后三个的依然是柏类、槐类和硬阔。由此可见，乔木林面积基本与面积占比相当，保持一致。

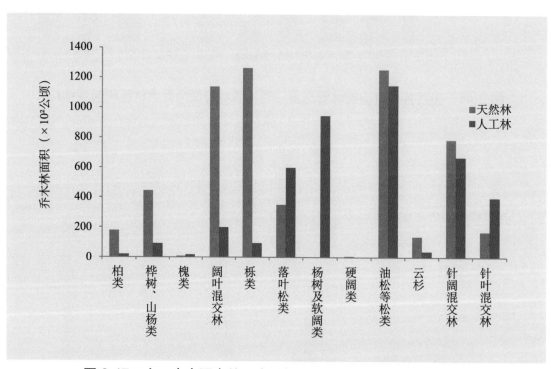

图 2-47　山西省直国有林乔木林优势树种（组）面积起源结构

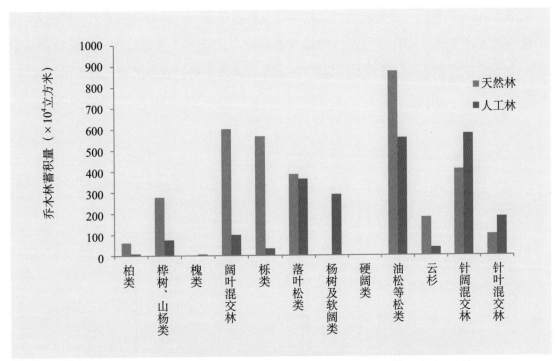

图 2-48　山西省直国有林乔木林优势树种（组）蓄积起源结构

从图 2-49 可以看出，各省直国有林管理局(场)其乔木优势树种(组)都有其自己的特点，譬如说杨树局主要是以杨树及软阔类为主，太岳林局主要是以针阔混交林为主，中条林局主要是以油松等松类、栎类和阔叶混交林为主，各具特色。详细的有关省直国有林乔木优势树种（组）林分面积已在本节第三部分进行过详述，不再赘述。

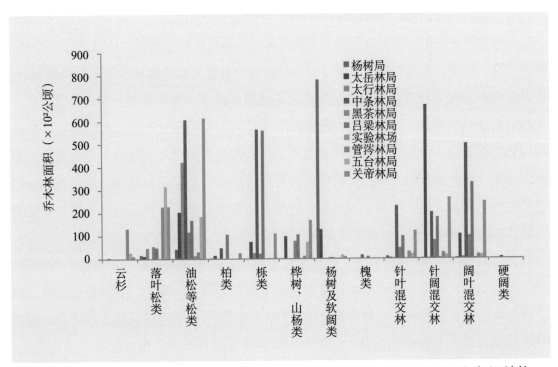

图 2-49　山西各省直国有林管理局（场）乔木优势树种（组）林分面积起源结构

　　从图 2-50 可以看出，关帝林局的油松等松类蓄积量最大，同时其他乔木优势树种（组）蓄积量也较大，太岳林局针阔混交林的森林蓄积量占比最大，这与其林分面积是有一定关系的。详细的有关省直国有林乔木优势树种（组）森林蓄积量已在本节第三部分进行过详述，不再赘述。

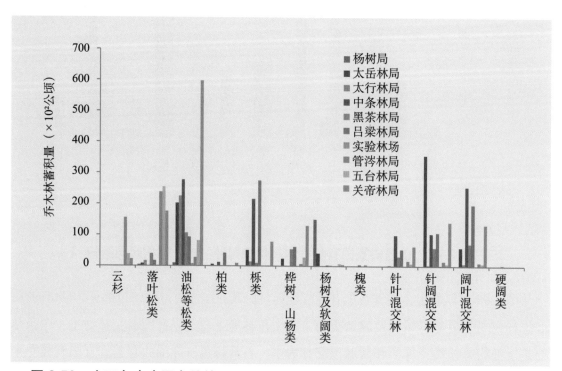

图 2-50　山西各省直国有林管理局（场）乔木优势树种（组）森林蓄积起源结构

（三）山西省直国有林乔木优势树种（组）各龄级起源结构

　　从林分起源来分析省直国有林乔木优势树种（组）各龄级林分面积，从图 2-51 可以看出，阔叶混交林、栎类、油松等松类、落叶松和针阔混交林都是以中龄林所占其龄组比例最高，其次是近熟林和成熟林所占其龄组比例次之，过熟林最少，可见其林分结构是稳定的。从人工林的龄级结构来看，落叶松、油松等松类、针阔混交林和针叶混交林也是处于林分结构相对稳定的阶段，中龄林所占面积比例最大，其次是近熟林和成熟林，占比最小的是过熟林。可见，山西省直国有林大多数优势树种现阶段林分结构相对稳定，但也有林分结构不稳定的优势树种（组）类型，因而在今后的森林健康经营下，要针对性地对某些优势树种开展目标性的森林经营，以调整其森林结构趋于稳定、健康的方向发展。

　　从图 2-51 至图 2-54 可以看出，森林蓄积量和林分面积在龄组结构上有着一致的表现。其龄级结构类似，栎类、落叶松和针阔混交林中的中龄林蓄积量大，其次是近熟林、成熟林。油松等松类是近熟林所占其龄组比例最高，其次是中龄林和成熟林。桦树及山杨类天然林中过熟林所占其龄组比例最大。从人工林的龄级结构来看，落叶松类、油松等松类、针阔混交林中中龄林蓄积量最大，其次是近熟林和成熟林。

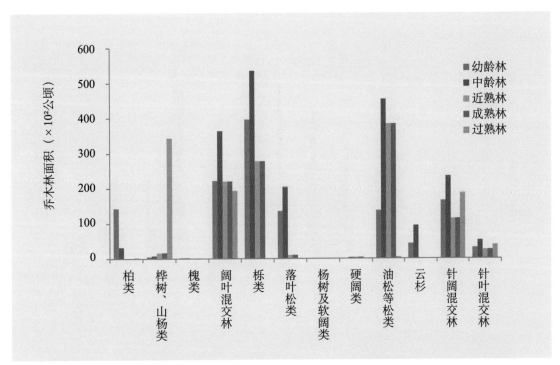

图 2-51　山西省直国有林乔木优势树种（组）天然林各龄级林分面积结构

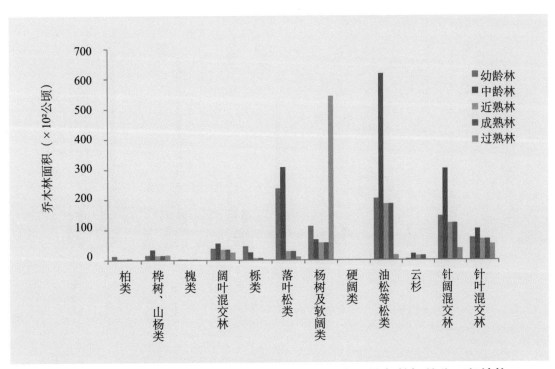

图 2-52　山西省直国有林乔木优势树种（组）人工林各龄级林分面积结构

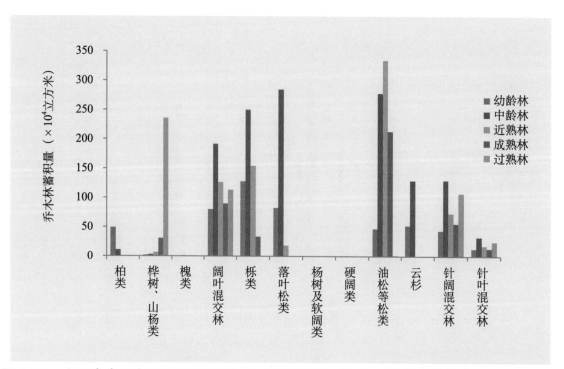

图 2-53 山西省直国有林管理局（场）乔木优势树种（组）天然林各龄级森林蓄积量结构

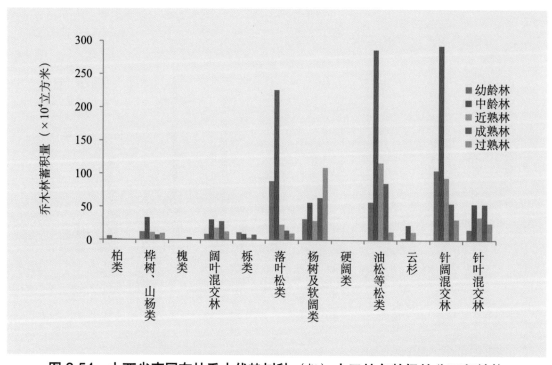

图 2-54 山西省直国有林乔木优势树种（组）人工林各龄级林分面积结构

第三章

山西省直国有林森林生态系统
服务功能物质量评估

依据中华人民共和国林业行业标准《森林生态系统服务功能评估规范》(LY/T1721—2008)，本章将对山西省直国有林森林生态系统服务功能的物质量开展评估，进而研究山西省直国有林森林生态系统服务的特征。

第一节　山西省直国有林森林生态系统服务功能物质量评估总结果

根据《森林生态系统服务功能评估规范》(LY/T1721—2008)的评价方法，得出山西省直国有林森林生态系统涵养水源、保育土壤、固碳释氧、林木积累营养物质和净化大气环境5个方面的生态系统服务物质量（表3-1）。

表3-1　山西省直国有林森林生态系统服务物质量评估结果

功能项	功能分项	物质量
涵养水源	调节水量（×10⁸立方米/年）	23.39
保育土壤	固土（×10⁴吨/年）	17632.73
	N（×10⁴吨/年）	138.51
	P（×10⁴吨/年）	24.97
	K（×10⁴吨/年）	361.27
	有机质（×10⁴吨/年）	340.32
固碳释氧	固碳（×10⁴吨/年）	225.47
	释氧（×10⁴吨/年）	542.06
林木积累营养物质	N（×10²吨/年）	669.86
	P（×10²吨/年）	202.44
	K（×10²吨/年）	243.91

（续）

功能项	功能分项		物质量
净化大气环境	提供负离子（$\times 10^{22}$个/年）		729.06
	吸收二氧化硫（$\times 10^4$千克/年）		15461.41
	吸收氟化物（$\times 10^4$千克/年）		378.25
	吸收氮氧化物（$\times 10^4$千克/年）		725.95
	滞尘	滞纳TSP（$\times 10^4$吨/年）	2498.31
		滞纳PM_{10}（$\times 10^4$千克/年）	990.97
		滞纳$PM_{2.5}$（$\times 10^4$千克/年）	356.03

  山西省境内的河流有1000余条，其中，流域面积在100平方千米以上的有240条，大于4000平方千米的河流有9条，分属于黄河、海河两大水系。黄河流域水系主要分布于山西省南部和西部地区，总流域面积为97138平方千米，占全省总流域面积的62%。大于4000平方千米的有汾河、沁河、涑水河、昕水河和三川河。海河水系主要分布于山西省北部及东部地区，总流域面积为59133平方千米，约占全省总流域面积的38%。大于4000平方千米的支流有桑干河、滹沱河及浊漳河和清漳河。由于新构造运动的影响，山西省现有湖泊比较少，集中分布在运城地区和宁武附近，主要有运城盐池和宁武天池湖群。《山西省水资源公报（2001~2012）》显示，山西省水资源总量多年平均为142.5亿立方米，水资源总量偏少，仅占全国总量的0.5%，人均占有水量262.18立方米，相当于全国人均占有水量的14.29%，是一个贫水的省份，主要特征：严重短缺及时空分布不均衡；污染严重；干旱化趋势加剧；地下水严重超采（王颖，2011）。水资源供需矛盾突出，严重制约着山西省的经济和社会发展。由表3-1可以看出，山西省直国有林森林生态系统涵养水源量为23.39亿立方米/年，相当于水资源总量的16.41%。由此可见，山西省森林生态系统可谓是"绿色""安全"的水库，其对维护山西省地区的水资源安全起着十分重要的作用。

  山西省地处黄河中游、黄土高原东部，总土地面积15.6万平方千米，水土流失面积10.8万平方千米，占国土总面积的69%。全省地形复杂，山地、丘陵占总面积的80%，且多为难以治理的水土流失劣地，是水土流失异常严重的省份之一。严重的水土流失导致耕地减少，土地退化，洪涝灾害加剧，生态环境恶化，给经济发展和人民群众生活带来危害。据有关部门统计，山西省每年平均流失泥土5000~10000吨，少数地方甚至大于10000吨。据测算，山西省平均每年向黄河、海河输送泥沙4.56亿吨，其中入黄河泥沙3.66亿吨，入海河泥沙0.9亿吨（李瑞忠，2009），属于水土流失异常严重的省份之一。从表3-1可见，山西省省直国有林管理局森林生态系统的固土量为17632.73万吨/年，相当于省内年侵蚀量的1.58倍，这说明山西省直国有林管理局森林生态系统的保育土壤功能对于固持土壤、保护人民群众的生产、生活和财产安全的意义重大，进而维持了山西省社会、经济和生态环境的可持续发展。

山西省煤炭资源储量大、分布广、品种全、质量优。全省含煤面积 6.2 万平方千米，占国土面积的 40.4%，截至 2015 年年底，全省各类煤矿共有 1078 座，平均单井规模 135.4 万吨／年，是全国碳排放强度较高的省份之一。煤炭在山西能源消费总量中的占比高达 90%，非化石能源仅占能源消费总量约 3%，《2016 年山西统计年鉴》统计结果显示，山西省能源的消费总量是 19383.5 万吨标准煤，经碳排放转换系数（徐国泉，2006）换算可知山西省碳排放量为 14493.1 万吨。

山西省作为全国的能源和重工业基地，环境污染非常严重。"十五"期间，随着山西省社会经济各方面的快速发展，污染物排放也不断增加，给生态环境造成新的压力，环境空气污染问题成为了现阶段及今后很长一段时间的主要环境问题。2016 年《山西省环境状况公报》显示，全省化学需氧量排放总量 40.51 万吨，氨氮排放总量 5.01 万吨，二氧化硫排放总量 112.06 万吨，氮氧化物排放总量 93.07 万吨。统计结果显示，山西省森林生态系统二氧化硫吸收量为 58.69 万吨，氮氧化物吸收量为 2.92 万吨，分别相当于山西省工业二氧化硫排放量的 52.4%，工业氮氧化物排放量的 3.1%，因此，山西省森林生态系统在吸收大气污染物、净化大气环境方面具有重要的作用。

由图 3-1 可以看出，山西省直国有林森林生态系统涵养水源量为 23.39 亿立方米／年，占山西省森林生态系统涵养水源量的 23.15%。其中，中条林局、关帝林局、吕梁林局和太岳林局的森林生态系统涵养水源量相当于山西省直国有林森林生态系统涵养水源总量的 67.56%，这四个林局分布在山西的中西部和南部地区，可见，山西省森林生态系统涵养水源功能主要是中西部和南部地区作用较大，而在北部地区起的作用相对较小，这可能是由于北部大部分地区位于京津风沙源区，森林植被相对较少，所以相对应的服务功能也就较弱而造成的。

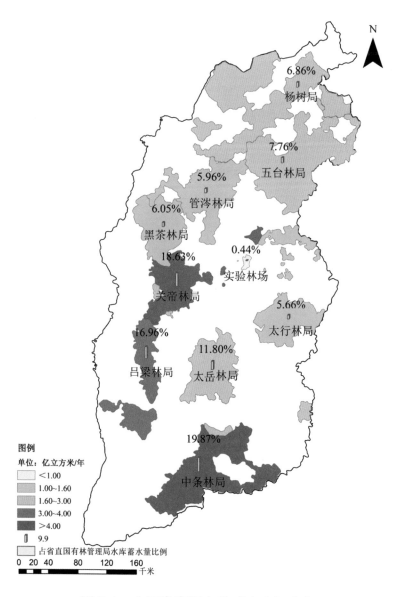

图 3-1　山西省直国有林"水库"分布

　　由表 3-1 和图 3-2 可以看出，山西省直国有林森林生态系统固碳量为 225.47 万吨/年，占山西省森林生态系统固碳量的 29.56%，相当于吸收了 2016 年全省碳排放量的 1.6%。可见，省直国有林管理局及实验林场在山西省森林生态系统固碳量中起了一定的作用。其中，碳库功能发挥最大的是中条林局，其次是吕梁林局、关帝林局和太岳林局，这 4 个林局约占整个山西省直国有林森林生态系统固碳量的 70.97%。可见，这 4 个林局固碳量相对于其他 6 个林局来说作用更大，固碳能力更强。因此，提高森林生态系统价值，是节能减排的重要措施。

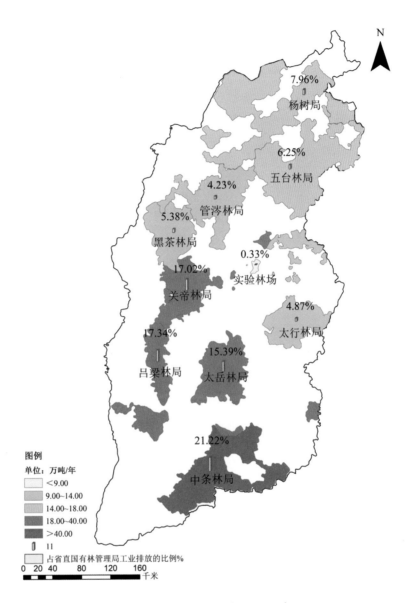

图 3-2　山西省直国有林"碳库"分布

由图 3-3 可以看出，山西省直国有林森林生态系统滞尘量为 2498.31 万吨 / 年，占山西省森林生态系统滞尘量的 28.76%，约为山西省烟尘和粉尘排放量的 25 倍（2016 年烟尘和粉尘排放量为 100.83 万吨），本研究基于模拟实验的结果，核算采用的是林木的最大滞尘量。中条林局、关帝林局和吕梁林局在滞尘方面的作用最大，3 个林局占整个省直国有林管理局及实验林场森林生态系统滞尘量的 58.61%。可见，山西省直国有林森林生态系统在滞尘方面具有很大的潜力，但是为了治理不断严峻的城市雾霾天气，山西省直国有林在将来的林业建设过程中，重点放在由北向南的盆地、平原地区，应种植滞尘能力较强的树种，力争把区域内产生的空气颗粒物大量滞纳拦截，以保障山西省的空气环境质量。

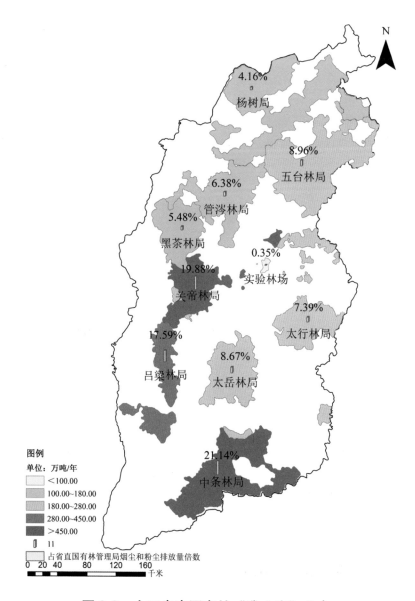

图3-3　山西省直国有林"滞尘库"分布

由图3-4可以看出，山西省直国有林森林生态系统生物多样性保护价值大部分集中在中西部和南部地区，包括中条、吕梁、太岳和关帝林局，占山西省直国有林的78.25%，占山西省森林生态系统生物多样性总价值的25.57%，主要取决于这3个地市地形地貌的特殊性，且生物多样性比较丰富。

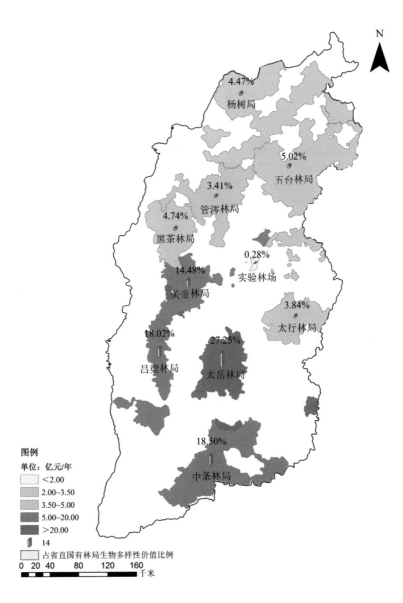

图 3-4　山西省直国有林"基因库"分布

第二节　山西省直国有林森林生态系统服务功能物质量评估结果

　　山西省直国有林管理局包括九大林局，本评估包括杨树局、太岳林局、太行林局、中条林局、黑茶林局、吕梁林局、管涔林局、五台林局、关帝林局，另加实验林场共10个统计单位的森林资源数据。根据本研究第一章提出的公式模型，评估出各林局及实验林场的森林生态系统服务功能物质量。

　　山西省直国有林森林生态系统服务功能物质量如表3-2所示，各项森林生态系统服务功能物质量在各省直林管理局及实验林场的空间分布格局见图3-5至图3-22。

表3-2 山西省直国有林森林生态系统服务功能物质量

类别	指标		杨树局	太岳林局	太行林局	中条林局	黑茶林局	吕梁林局	实验林场	管涔林局	五台林局	关帝林局	小计
涵养水源	调节水量（×10^{8}立方米/年）		1.60	2.76	1.32	4.65	1.42	3.97	0.10	1.39	1.82	4.36	23.39
保育土壤	固土（×10^{4}吨/年）		1289.88	2081.66	1007.02	3572.58	1054.47	3055.68	79.01	956.71	1223.16	3312.56	17632.73
	土壤N（×10^{4}吨/年）		6.35	17.75	3.52	33.62	7.62	29.30	0.40	7.99	8.39	23.57	138.51
	土壤P（×10^{4}吨/年）		4.07	2.26	0.59	5.82	1.12	5.82	0.04	0.75	1.16	3.34	24.97
	土壤K（×10^{4}吨/年）		44.44	40.44	12.34	62.91	21.79	71.56	1.69	23.29	23.02	59.80	361.27
	土壤有机质（×10^{4}吨/年）		13.79	38.48	20.57	67.98	25.28	60.53	1.70	18.45	18.00	75.54	340.32
固碳释氧	固碳（×10^{4}吨/年）		17.94	34.70	10.98	47.85	12.14	39.10	0.74	9.54	14.09	38.38	225.47
	释氧（×10^{4}吨/年）		43.54	85.59	25.88	115.69	28.80	94.03	1.71	22.21	33.45	91.17	542.06
林木积累营养物质	林木N（×10^{2}吨/年）		30.17	99.54	30.20	152.03	31.52	126.58	2.28	41.69	50.79	105.07	669.86
	林木P（×10^{2}吨/年）		12.09	27.48	8.70	47.85	10.21	42.85	0.53	8.18	12.29	32.26	202.44
	林木K（×10^{2}吨/年）		15.34	38.21	15.09	53.59	12.01	41.14	0.85	10.61	16.41	40.66	243.91
净化大气环境	提供负离子（×10^{23}个/年）		3.46	10.50	1.69	16.13	4.61	13.52	0.24	2.51	2.32	17.92	72.91
	吸收二氧化硫量（×10^{4}千克/年）		861.68	1569.94	1210.57	2996.55	865.42	2266.44	65.23	1077.21	1415.82	3132.54	15461.41
	吸收氟化物量（×10^{4}千克/年）		37.82	56.84	12.50	76.99	23.61	77.72	1.78	13.66	16.51	60.82	378.25
	吸收氮氧化物量（×10^{4}千克/年）		52.98	86.22	41.53	146.53	43.49	125.72	3.24	39.43	50.38	136.44	725.95
	滞尘量	滞纳TSP（×10^{4}吨/年）	103.84	216.50	184.62	528.17	136.99	439.35	8.82	159.51	223.90	496.63	2498.31
		滞纳PM$_{10}$（×10^{4}千克/年）	24.38	124.61	58.31	225.96	54.60	178.33	3.26	51.71	67.45	202.36	990.97
		滞纳PM$_{2.5}$（×10^{4}千克/年）	6.92	38.32	19.68	79.54	21.95	78.10	1.54	17.51	22.78	69.67	356.03

一、涵养水源

由表 3-2 可知，调节水量最高的 3 个林局为中条、关帝和吕梁林局，分别为 4.65 亿立方米 / 年、4.36 亿立方米 / 年和 3.97 亿立方米 / 年，占省直国有林管理局及实验林场调节水量总量的 48.63%；最低的 3 个林局为管涔和太行林局、实验林场，分别为 1.39 亿立方米 / 年、1.32 亿立方米 / 年和 0.10 亿立方米 / 年，仅占省直国有林管理局及实验林场总量的 12.06%。山西省人均水资源占有量较低，人均水资源占有量仅 262.18 立方米，相当于全国人均占水量的 14.29%。

山西省境内由于地形、气候复杂，导致洪、旱等多种灾害易于发生，造成大面积水土流失，雨季大量淡水资源得不到利用，而在旱季作物生长时又常常重度缺水，威胁着山西省社会、经济的可持续发展（杨蝉玉，2014）。作为典型的资源型省份，处于新时代资源型经济转型发展过程中的山西省，必须将水资源的永续利用与保护作为实施可持续发展的战略重点，以促进山西省生态—经济—社会的健康运行与协调发展。如何破解这一难题，缓解水资源不足与社会转型发展之间的矛盾，只有从增加储备和合理利用水资源这两方面入手。建设水利设施拦截水流增加储备的工程方法，得到山西省政府的重视并取得了可喜的成绩。同时运用绿色覆盖措施，增加"绿量"，提高"绿质"，发挥森林植被的涵养水源功能，也应该引起社会的高度重视（杨军，2017）。

山西省多年平均地表水资源总量为 69.80 亿立方米，省直国有林管理局及实验林场调节水量总量为 23.39 亿立方米，占全省的 33.51%，可见，省直国有林管理局及实验林场森林植被涵养水源功能显著（图 3-5）。其中，五台和管涔林局森林生态系统单位面积涵养水源量均在 2120 立方米 / 公顷以上。另外，省直国有林管理局及实验林场森林生态系统调节水量与其用水量之比，各林局及实验林场之间差异较大，这与各林局及实验林场的植被状况和地理位置有直接的关系，这也恰恰说明了森林生态系统的涵养水源功能可以在一定程度上保证社会的水资源安全。山西省各地区降水量存在较大的差别，南部大，最大降水量能达到 619 毫米，中部中等，北部小，最小为 364 毫米（王孟本，2009）。森林生态系统涵养水源功能有助于延缓径流产生的时间，起到了调节水资源时间分配不均的作用。各林局及实验林场森林生态系统调节水量与其降水量相比，能够将降水截留，大大降低了地质灾害的发生，保障了人们生命财产的安全。

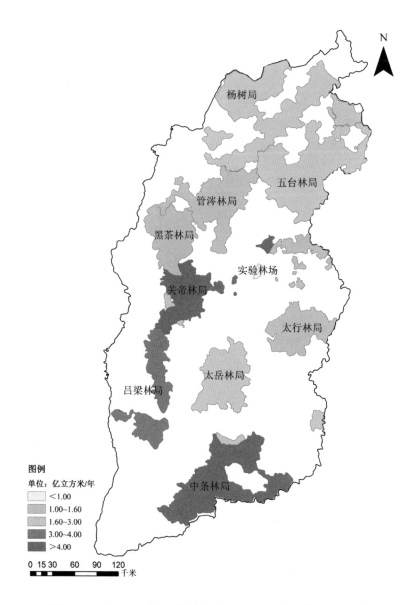

图3-5 山西省直国有林森林生态系统调节水量分布

二、保育土壤

山西省中度以上侵蚀面积居全国第二位，是水土流失异常严重省份之一。评估结果显示（表3-2），固土量最高的3个林局为中条、关帝和吕梁林局，分别为3572.58万吨/年、3312.56万吨/年和3055.68万吨/年，占全省总量的55.59%；最低的3个林局为太行、管涔林局和实验林场，分别为1007.02万吨/年、956.71万吨/年和79.01万吨/年，仅占全省总量的9.43%（图3-6）。

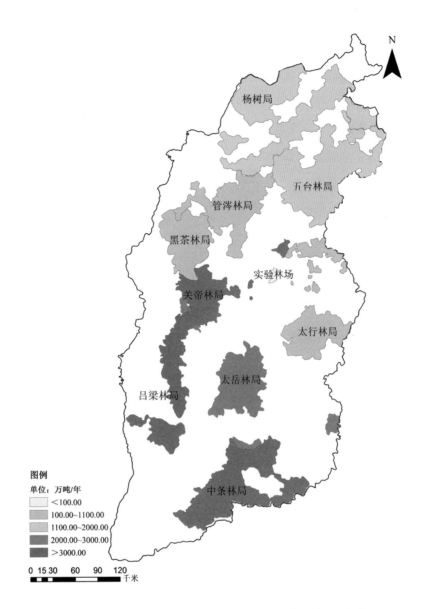

图 3-6 山西省直国有林森林生态系统固土量分布

山西省土壤侵蚀类型主要有水力侵蚀、风力侵蚀等类型。严重的水土流失造成耕作土层变薄、地力减退。大量黄土淤积河道、水库，风力侵蚀使草原和耕地退化、盐渍化，加剧了地质灾害的发生，对人们的生活、生存安全构成严重威胁（张杨，2016）。森林凭借庞大的树冠、深厚的枯枝落叶层、强大的根系系统截留大气降水，减少或避免雨滴对土壤表层的直接冲击，有效地固持土体，降低了地表径流对土壤的冲蚀，使土壤流失量大大降低。而且森林的生长发育及其代谢产物不断对土壤产生物理及化学影响，参与土体内部的能量转换与物质循环，使土壤肥力提高。有数据显示，山西省通过 30 年实施退耕还林、天然林保护、防护林体系建设等重大林业生态工程以来，完成水土流失综合治理面积 5851.6 平方千米（张江汀，2013），赢得了政府和社会的认可。山西省水土流失区成片集中区为西部黄土区的吕梁市、临汾市和忻州市，东部土石山区的大同市，通过森林生态系统固土功能的评估可以看出，上述地区的森林生态系统固土量排在全省前列，约占全省总固土量的52%。另外，以上地区属于黄河流域和海河流域重要的干支流，区内还分布有汾河二库、文峪河水库、万家寨水库等大型水库，其森林生态系统的固土作用极大地保障了水库的运行安全，延长了水库的使用寿命，为本区域社会经济发展提供了重要保障。

作为山地型高原，山西地形高差变化大，地质构造条件复杂，降水量集中，形成崩塌、滑坡、泥石流、地裂缝等地质灾害的动力条件充分，自然地质灾害易发，历史上自然地质灾害具有点多面广的特点。山西是一个矿业开发大省，随着采矿深度和广度的增大，全省由采矿引起的地面裂缝、地面塌陷、崩塌、滑坡、泥石流等人为地质灾害频繁发生，造成的经济损失与人员伤亡十分严重。另外，山西铁路、公路的修建，重要城市附近地下水的集中超量开采，也一定程度上诱发了崩塌、滑坡、地面裂缝、地面沉降等人为地质灾害的发生。

据不完全统计，20世纪80年代以来山西各类地质灾害造成的直接经济损失达数亿元，死亡人数超过2000人，受潜在地质灾害和威胁的人员和财产数量惊人。大量的研究表明，森林植被庞大的根系系统可以固持水土，防治崩塌、滑坡等地质灾害的发生。从评价结果看，山西省主要水土流失地市的森林生态系统固土量占全省一半以上，在生态脆弱区大大降低了地质灾害的潜在危险，保障了当地人民群众的安全。

保育土壤最高的3个林局为中条林局、吕梁林局和关帝林局，约占省直国有林管理局（含实验林场）总量的60%；最低的3个林局为管涔林局、太行林局和实验林场，约占省直国有林管理局（含实验林场）总量的10%（图3-7至图3-10）。可见，不同地市森林生态系统在保育土壤各元素能力差异较大，保育固定某种元素能力并不能代表整体保育土壤能力。

森林生态系统所发挥的保肥功能，对于保障水质安全，以及维护黄河和海河流域的生态安全具有十分重要的现实意义。水土流失过程中会携带大量养分、重金属和化肥进入水体，污染水质，使水体富营养化，越是水土流失严重的地方，往往因为土壤贫瘠，化学农药的使用量也越大，从而加重这一恶性循环。土壤贫瘠还会影响林业经济的发展，森林生态系统的保肥保水对于维护地方经济的稳定具有十分重要的意义。

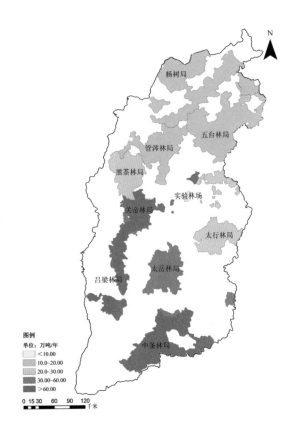

图3-7　山西省直国有林森林生态系统
固定有机质量分布

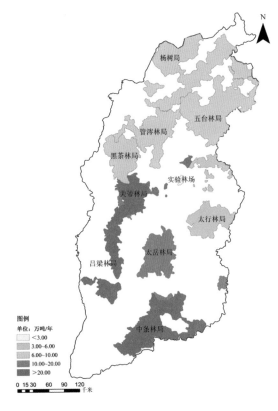

图3-8　山西省直国有林森林生态系统
固氮量分布

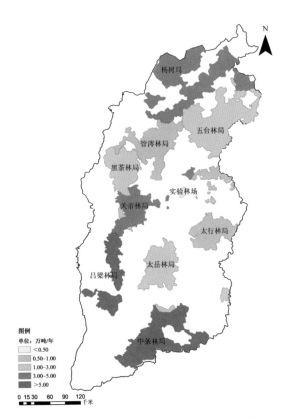

图3-9　山西省直国有林森林生态系统
固磷量分布

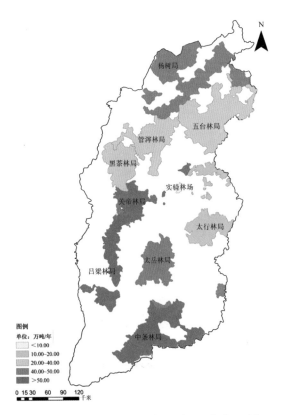

图3-10　山西省直国有林森林生态系统
固钾量分布

三、固碳释氧

固碳总量最高的 3 个林局为中条林局、吕梁林局和关帝林局，分别为 47.85 万吨 / 年、39.10 万吨 / 年和 38.38 万吨 / 年，占省直国有林管理局（含实验林场）总量的 55.59%；最低的 3 个林局为太行林局、管涔林局和实验林场，分别为 10.98 万吨 / 年、9.54 万吨 / 年和 0.74 万吨 / 年，仅占省直国有林管理局（含实验林场）总量的 9.43%（图 3-11）。释氧量最高的 3 个林局为中条林局、吕梁林局和关帝林局，分别为 115.69 万吨 / 年、94.03 万吨 / 年和 91.17 万吨 / 年，占全省总量的 55.51%；最低的 3 个林局为太行林局、管涔林局和实验林场，分别为 25.88 万吨 / 年、22.21 万吨 / 年和 1.71 万吨 / 年，仅占全省总量的 9.19%（图 3-12）。

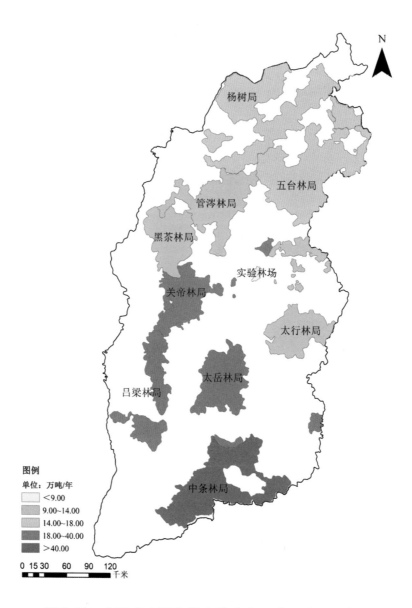

图 3-11　山西省直国有林森林生态系统固碳量分布

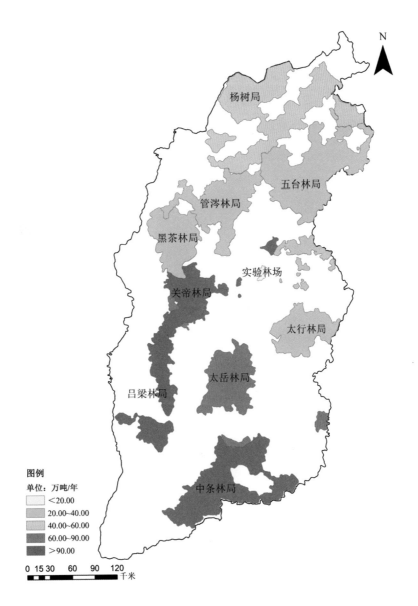

图 3-12　山西省直国有林森林生态系统释氧量分布

　　地球碳库包括生态系统碳库、地质碳库、海洋碳库和土壤碳库。现阶段人类活动影响最为显著的碳库是陆地生态系统碳库，而森林作为陆地生态系统最大的碳库，保持着全球陆地植被的 86% 碳库，还具有巨大的土壤碳库。森林固碳机制是通过植被的光合作用过程吸收二氧化碳，并蓄积在树干、根部及枝叶等器官，从而抑制大气中二氧化碳浓度的上升，与别的土地利用方式相比，森林单位面积内可以储存更多的有机碳，因而，提高森林碳汇功能是调节全球碳平衡、减缓温室气体浓度上升以及维持全球气候稳定的有效途径（高一飞，2016）。

四、林木积累营养物质

林木积累氮元素较高的3个林局为中条林局、吕梁林局和关帝林局，均超过10000吨/年，最低的为实验林场，约228吨/年。林木积累磷元素最高的3个林局为中条林局、吕梁林局和关帝林局，均超过3200吨/年，最低为实验林场，仅53吨/年。林木积累钾元素最高的林局为中条林局，显著高于其他林局，是最小林局实验林场的67倍（图3-13至图3-15）。

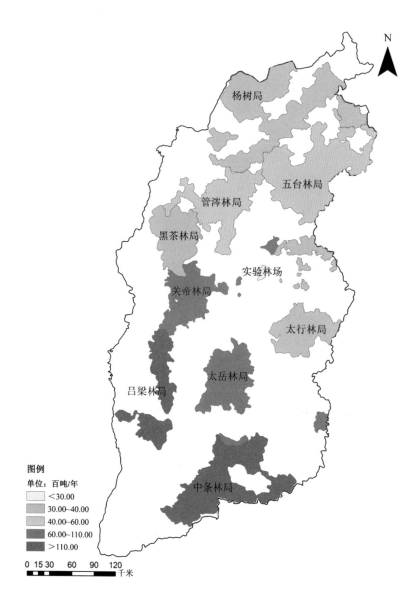

图 3-13　山西省直国有林森林生态系统积累氮量分布

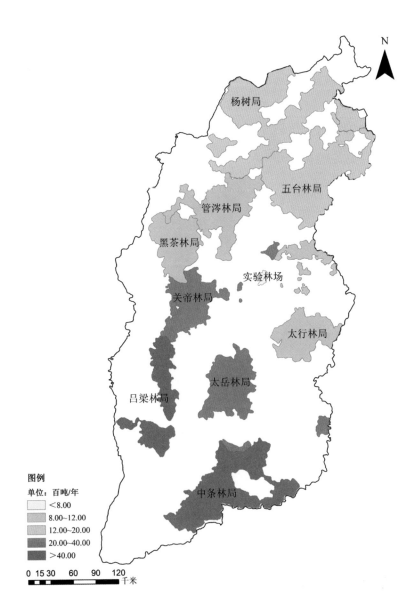

图 3-14 山西省直国有林森林生态系统积累磷量分布

　　森林植被在生长过程中不断从周围环境吸收营养物质，固定在植物体中，成为全球生物化学循环不可缺少的环节。林木积累营养物质服务功能首先是维持自身生态系统的养分平衡，其次是为人类提供生态系统服务。林木积累营养物质功能与固土保肥中的保肥功能，无论从机理、空间部位，还是计算方法上都有本质区别，前者属于生物地球化学循环的范畴，而保肥功能是从水土保持的角度评估，即如果没有这片森林，每年水土流失中也将包含一定的营养物质，属于物理过程。从林木积累营养物质的过程可以看出，在西部山区可以一定程度上减少因为水土流失而带来的养分损失，在其生命周期内，使得固定在体内的养分元素在此进入生物地球化学循环，降低营养元素进入水体的风险。

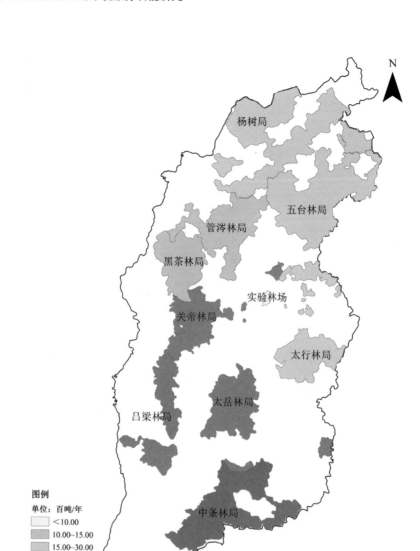

图3-15 山西省直国有林森林生态系统积累钾量分布

五、净化大气环境

森林可以吸附吸收污染物，森林的这种作用是通过两种途径实现的：一方面树木通过叶片吸收大气中的有害物质，降低大气有害物质的浓度；另一方面树木能使某些有害物质在体内分解，转化为无害物质后代谢利用（You等，2012）。

带有负电荷的空气负离子，能够吸附空气中的微粒，尤其是小于0.01微米的颗粒及工业飘尘，因此空气负离子具有除尘、净化空气的作用，也可以降低室内封闭空间使用空调导致的"空调综合症"；小粒径的空气负离子可以透过人体血脑屏障，清除体内自由基，降低血液黏稠度，具有改善睡眠、抗氧化、抗衰老的保健作用（李琳，2017）。在医学上当空气负离子浓度在1000~5000个/立方厘米时，能够增强人体免疫力及抗菌力，当空气负离子浓度在5000~10000

个 / 立方厘米时，能够杀菌减少疾病的传染，当空气负离子浓度高于 10000 个 / 立方厘米时，人体具有自然痊愈力，并对精神抑郁类疾病有一定的治疗作用（马璨，2016）。

提供空气负离子量最高的 3 个林局为关帝林局、中条林局和吕梁林局，分别为 17.92×10^{23} 个 / 年、16.13×10^{23} 个 / 年和 13.52×10^{23} 个 / 年，占省直国有林管理局（含实验林场）总量的 65.25%；最低的 3 个林局为五台林局、太行林局和实验林场，分别为 2.32×10^{23} 个 / 年、1.69×10^{23} 个 / 年和 0.24×10^{23} 个 / 年，仅占省直国有林管理局（含实验林场）总量的 4.57%（图 3-16）。

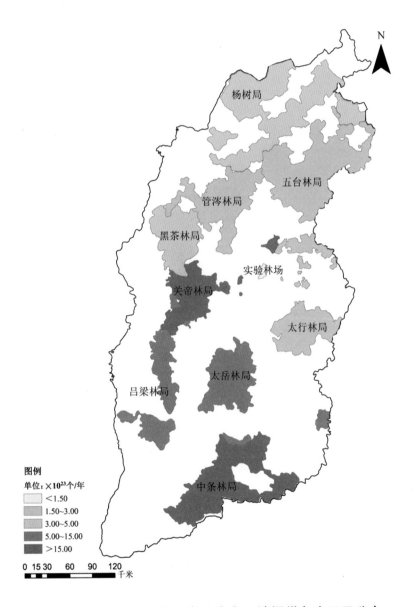

图 3-16 山西省直国有林森林生态系统提供负离子量分布

　　大气中的二氧化硫会氧化成硫酸雾或硫酸盐气溶胶，是环境酸化的重要前驱物。气态二氧化硫浓度在 0.5ppm 以上对人体有潜在影响；在 1～3ppm 时多数人开始感到刺激；在 400～500ppm 时人会出现溃疡和肺水肿直至窒息死亡。然而，硫元素是树木体内氨基酸的组成成分，也是树木所需要的营养元素之一，所以树木中都有定量的硫，在正常情况下树体中的含量为干重的 1%～3%，当空气被二氧化硫污染时，树木体内的含量为正常含量的 5～10 倍 (李晓阁，2005)。

　　吸收二氧化硫量最高的 3 个林局为关帝林局、中条林局和吕梁林局，分别为 3132.54 万千克 / 年、2996.55 万千克 / 年和 2266.44 万千克 / 年，占省直国有林管理局（含实验林场）总量的 54.30%；最低的林局为实验林场，仅为 65.23 万千克 / 年，仅占省直国有林管理局（含实验林场）总量的 0.42%（图 3-17）。

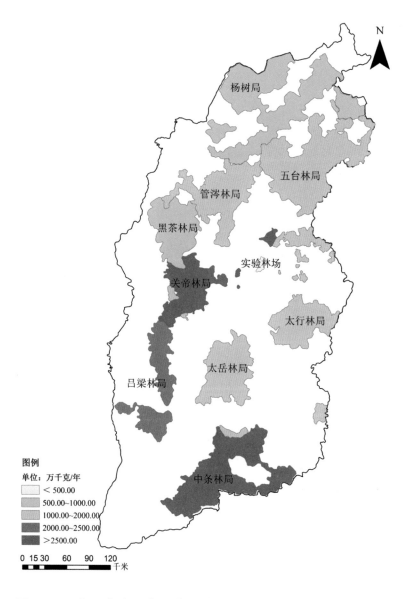

图 3-17　山西省直国有林森林生态系统吸收二氧化硫量分布

　　氟化物指含负价氟的有机或无机化合物，包括氟化氢、金属氟化物、非金属氟化物等，也包括有机氟化物。经呼吸道吸入高浓度气态含氟气体，刺激鼻和上呼吸道，引起黏膜溃疡和上呼吸道炎症，重者可引起化学性肺炎、肺水肿和反应性窒息。正在伸展的幼嫩叶最易受氟危害，氟化物对花粉管伸长有抑制作用，影响植物生长发育。

　　吸收氟化物量最高的 3 个林局为吕梁林局、中条林局和关帝林局，分别为 77.72 万千克 / 年、76.99 万千克 / 年和 60.82 万千克 / 年，占省直国有林管理局（含实验林场）总量的56.98%；最低的 3 个林局为管涔林局、太行林局和实验林场，均不超过 14 万千克 / 年，仅占省直国有林管理局（含实验林场）总量的 7.39%（图 3-18）。

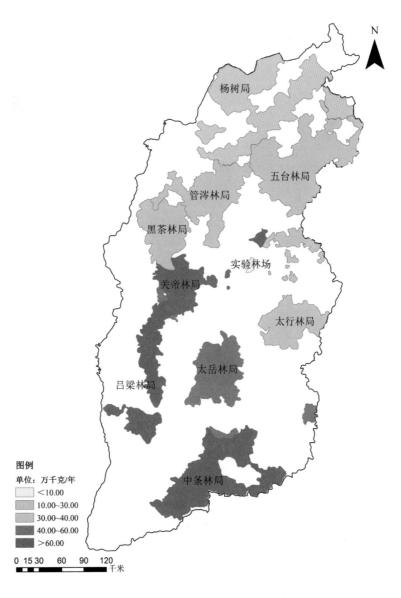

图 3-18　山西省直国有林森林生态系统吸收氟化物量分布

　　氮氧化物包括多种化合物，如一氧化二氮(N_2O)、一氧化氮（NO）、二氧化氮（NO_2）等。氮氧化物具有不同程度的毒性，会破坏人体的中枢神经，长期吸入会引起脑性麻痹，手脚萎缩等，大量吸入时会引发中枢神经麻痹，记忆丧失，四肢瘫痪，甚至死亡等后果。以一氧化氮和二氧化氮为主的氮氧化物是形成光化学烟雾和酸雨的一个重要原因。在国家"十三五"环保规划中，氮氧化物将成为继二氧化硫之后的实行总量控制的污染物。

　　吸收氮氧化物量最高的 3 个林局为中条林局、关帝林局和吕梁林局，分别为 146.53 万千克 / 年、136.44 万千克 / 年和 125.72 万千克 / 年，占省直国有林管理局（含实验林场）总量的 56.30%；最低的为实验林场，仅 3.24 万千克 / 年，仅占省直国有林管理局（含实验林场）总量的 0.45%（图 3-19）。

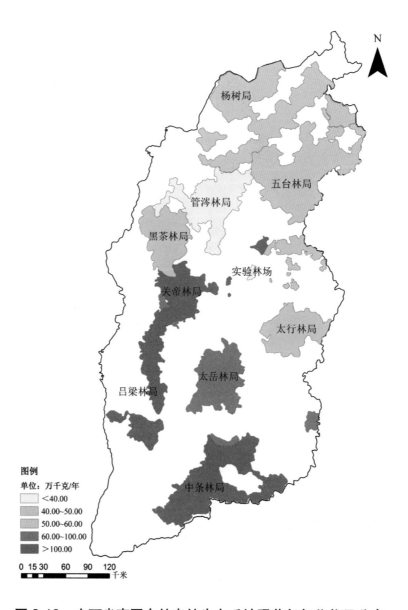

图 3-19　山西省直国有林森林生态系统吸收氮氧化物量分布

滞尘量最高的 3 个林局为中条林局、关帝林局和吕梁林局，分别为 528.17 万吨／年、496.63 万吨／年和 439.35 万吨／年，占省直国有林管理局（含实验林场）总量的 58.61%；最低的为实验林场，仅 8.82 万吨／年，仅占全省总量的 0.35%（图 3-20）。

森林的滞尘作用表现为：一方面由于森林茂密的林冠结构，可以起到降低风速的作用。随着风速的降低，空气中携带的大量空气颗粒物会加速沉降；另一方面，由于植物的蒸腾作用，树冠周围和森林表面保持较大湿度，使空气颗粒物较容易降落吸附。最重要的还是因为树体蒙尘之后，经过降水的淋洗滴落作用，使得植物又恢复了滞尘能力，污染空气经过

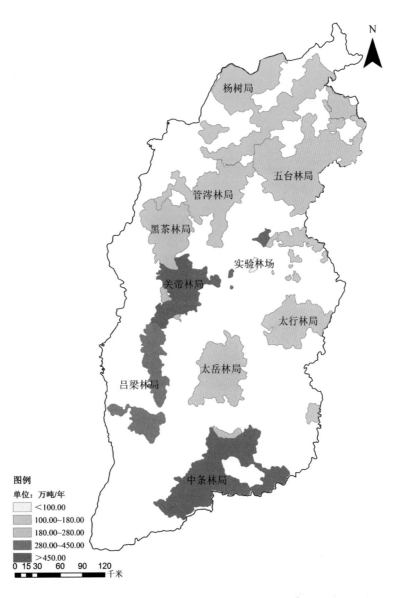

图 3-20　山西省直国有林森林生态系统滞尘量分布

森林反复洗涤过程后，便变成清洁的空气（阿丽亚·拜都热拉，2015）。树木的叶面积指数很大，森林叶面积的总和为其占地面积的数十倍，因此使其具有较强的吸附滞纳颗粒物的能力。另外。植被对空气颗粒物有吸附滞纳、过滤的功能，其吸附滞纳能力随植被种类、地区、面积大小、风速等环境因素不同而异，能力大小可相差十几倍到几十倍。因此，山西省应该充分发挥森林生态系统治污减霾的作用，调减城区尤其是城区内空气中颗粒物含量（尤其是 $PM_{2.5}$），有效地遏制雾霾天气的发生。另外，山西省西部山区的森林生态系统吸附滞纳颗粒物功能较强，有效地消减了空气中颗粒物含量，维护了良好的空气环境，提高了区域内森林旅游资源的质量（图 3-21 至图 3-22）。

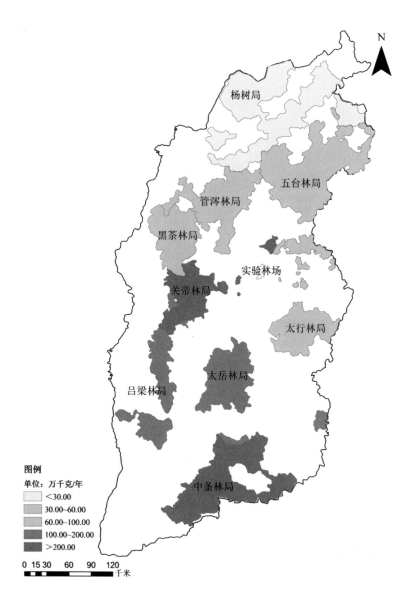

图 3-21　山西省直国有林森林生态系统滞纳 PM_{10} 分布

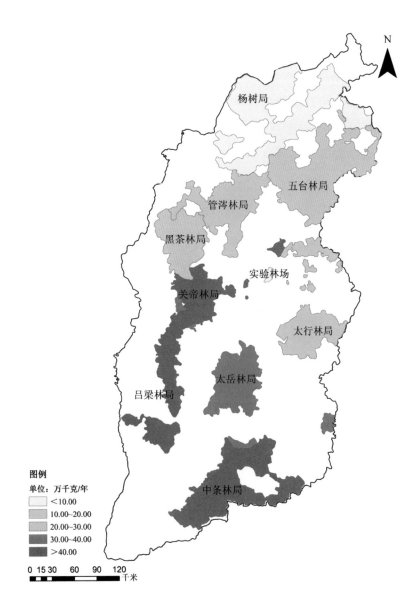

图 3-22　山西省直国有林森林生态系统滞纳 $PM_{2.5}$ 分布

　　据《山西省 2016 年环境状况公报》显示：2016 年，11 个地级市环境空气中二氧化硫、二氧化氮、可吸入颗粒物、细颗粒物年均浓度分别为 61 微克 / 立方米、34 微克 / 立方米、98 微克 / 立方米和 56 微克 / 立方米，与 2014 年相比，全省二氧化硫、二氧化氮、可吸入颗粒物、细颗粒物年均浓度分别下降 6.2%、2.9%、14.0% 和 12.5%。山西省森林生态系统对维护山西省空气环境安全起到了非常重要的作用。由此还可以增加当地居民的旅游收入，进一步调整城区内的经济发展模式，提高第三产业经济总量，提高人们保护生态环境的意识，形成一种良性的经济循环模式。

　　从以上评估结果分析中可以看出，山西省直国有林森林生态系统各项服务物质量的空间分布格局由大到小分别为：南部和西部林局（中条林局、关帝林局、吕梁林局和太岳林局）、北部林局（杨树局和五台林局）、西北部和东部林局（黑茶林局、管涔林局和太行林局）、中部林局（实验林场）。究其原因，主要有以下几点：

1. 森林资源结构组成

第一，与森林面积分布直接相关。从各项服务的评估公式中可以看出，森林面积是生态系统服务强弱的最直接影响因子。由图 3-5 至图 3-22 可知：物质量较大的南部和西部林局，林地面积明显大于其他林局，且为山区，人为干扰程度低于平原区，森林资源受到的破坏程度低。中部主要是盆地和平原，为山西省少有的平地区，且经济活动较为活跃，森林资源遭受到了严重的破坏，由于较长时间的农田开县，使得此区城内森林植被稀少。所以，西部山区森林生态系统服务较强，中部平原较小。

第二，与林龄结构有关。森林生态系统服务是在林木生长过程中产生的，林木的高生长会对生态系统服务带来正面的影响（宋庆丰等，2015）。林木生长的快慢反映在净初级生产力上，影响净初级生产力的因素包括林分因子、气候因子、土壤因子和地形因子，它们对净初级生产力的贡献率不同，分别为 56.7%、16.5%、2.4% 和 244%。林分因子中，林龄对净初级生产力的变化影响较大，中龄林和近熟林有绝对的优势（樊兰英，2017），从山西省森林资源数据中可以看出西部山区中龄林、近熟林的面积分别占各自总面积的比例较高，而中部平原区幼龄林面积比例较高。林分年龄与其单位面积水源涵养效益呈正相关关系，随着林分年龄的不断增长，这种效益的增长速度逐渐变缓（Zhang，2010），本研究结果证实了以上现象的存在。森林从地上冠层到地下根系都对水流失有着直接成间接的作用，只有森林对地面的覆盖达到一定程度时，才他起到防止土壤侵蚀的作用。随着植被的不断生长，根系对土壤的缠绕支撑和中联等作用增强，进而增加了土壤抗侵蚀能力。但森林生态系统的保育土壤功能不可能随着森林的持续增长和林分蓄积量的逐渐增加而持续增长。土壤养分随着地表径流的流失与乔木层及其根冠生物量呈现幂函数变化曲线，其转折点基本在中龄林和近熟林之间。这主要由于森林生产力存在最大值现象，达到一定林龄，其会随着林龄的增长而降低（杨凤萍，2013）。

第三，与森林起源有关。天然林是生物圈中功能最完备的动植物群落，其结构复杂，功能完善，系统稳定性高。人工林和天然林群落结构与物种多样性方面存在着巨大差异，天然林群落层次比人工林复杂，物种多样性比人工林高。人工林由于集约化的经营措施，林分结构良好，林分的生长速度相对生长快。然而从长远来看，天然林的生产力高于人工林，一方面是天然林具有复杂的树种组成和层次结构，另一方面是因为天然林中树种的基因型丰富，对环境和竞争具有不同的响应（Perry，2010）。山西省森林资源数据可知，省直国有林管理局及实验林场天然林面积为 5744.40×10^2 公顷，占全省天然林面积的 43.58%。关帝林局和吕梁林局森林起源中，天然林面积占省直国有林管理局及实验林场天然林面积分别为 25.44% 和 23.76%，而森林生态服务功能物质量较低的实验林场天然林占省直国有林管理局及实验林场天然林面积仅为 0.07%。因此，山西省直国有林天然林面积森林生态系统服务空间分布格局和天然林有直接关系。

第四，与森林质量有关，由于蓄积量与生物量存在一定关系，则蓄积量可以代表森林质量。山西省资源数据可以得出，山西省直国有林林分蓄积量的空间分布大致上表现为西部和南部林局最大，中部实验林场最小，蓄积量比例分别为 58.86% 和 0.19%。有研究表明：生物量的高生长也会带动其他森林生态系统服务功能项的增强（谢高地，2003）。生态系统的单位面积生态功能的大小与该生态系统的生物量有密切关系，一般来说，生物量越大，生态系统功能越强（Fang et al，2001）。优势树种（组）大量研究结果印证了随着森林蓄积量的增长，涵养水源功能逐渐增强的结论，主要表现在林冠截留、枯落物蓄水、土壤层蓄水和土壤入渗等方面的提升。但是，随着林分蓄积量的增长，林冠结构枯落物厚度和土壤结构将达到相对稳定的状态，此时的涵养水源能力应该也处于个相对稳定的最高值。森林生态系统涵养水源功能较强时，其固土功能也必然较高，其与林分蓄积也存在较大的关系。丁增发（2005）研究表明，植被根系的固土能力与林分生物量呈正相关，而且林冠层还能降低降雨对土壤表层的冲刷。生态公益林水土保持生态效益的研究显示，森林质量将影响水土保持效益的各项因子进行分配权重，其中林分蓄积量的权重值最高（谢婉君，2013；陈文惠，2011）。

第五，与林种结构组成有关。林种结构的组成一定程度反映了某区域在林业规划中所承担的林业建设任务。比如，当某一城区分布着大面积的防护林时，这就说明这一区域林业建设侧重的是防护功能。当某一特定区域由于地形、地貌等原因，容易发生水土流失时，那么构建的防护林体系一定是水土保持林，主要起到固持水土的功能，当某一特定区域位于大江大河的水源地，或者重要水库的水源地时，那么构建的防护林体一定是水源涵养林，主要起水源涵养和调洪蓄洪的功能。由山西省森林资源数据可以得出，山西省的防护林占乔木林总面积的 66.36%，其中水土保持林占防护林的 57.85%，主要分布在西部黄土丘陵区和东部土石山区，这些地区恰是山西省河流或水库的水源地，分布着大量的水源涵养林（梁守伦，2002）。此外，山西省雁北地区北是典型的风沙区，其防风固沙林所占比例约为 90%，该区属于京津冀生态屏障圈，且平原农业活动较强，因此需要防风固沙林的保护，所以，由于树种结构组成的不同，导致了大同市森林生态系统服务功能呈现目前的空间格局。

2. 气候因素

在所有的气候因素中，能够对林木生长造成影响的为温度和降雨，因为水热条件是限制林分生产力的主要因素（Nikolev，2011）。相关研究发现，在湿度和温度均较低时，土壤的呼吸速率会减慢（Wang Rui，2016）。水热条件通过影响林木生长，进而对森林生态系统服务产生影响。在一定范围内，温度越高，林木生长越快，则其生态系统服务也就越强。其原因主要是：其一，因为温度越高，植物的蒸腾速率也就越大，体内就会积累更多的养分元素，进而增加生物量的积累；其二，温度越高，在充足水分的前提下，蒸腾速率加快，而此时植物叶片气孔处于完全打开的状态，这样就会增强植物的呼吸作用，为光合作用提供充足的二氧化碳，温度通过控制叶片中的淀粉的降解和运转，以及糖分与蛋白质之间的转化，进而起到控制叶片光合速率的作用（Calzadilla，2016）。山西省属于干旱半干旱区，属于温带大陆性季风型气候，多年平均气温为 3～14℃，年均气温从北向南逐渐升高，这对不同优势树种（组）的空间分布有一定的影响（图 3-5 至图 3-22）。

降雨量是山西省森林生产力的主要限制因子（樊兰英，2017），降雨量与森林生态效益呈正相关关系，主要是由于降雨是作为参数被用于森林涵养水源的计算与涵养水源生态效益呈正关；另一方面，降雨量的大小还会影响生物量的高低，进而影响到固碳释氧功能（牛香，2012；国家林业局，2013）。山西省多年平均降雨量在 400～650mm 之间，总的分布的是南部大于北部，因此南部林局的单位面积服务物质量均高于北部林局。

3. 区域性要素

山西省位于黄河中游的黄土高原之上，境内山峦起伏，沟壑纵横，丘陵、盆地布满其间，山地、高原回互相连，每个区域各有特点，东西部土石山区，森林植被相对丰富，是山西省重要的森林覆被区。此区域林木生长较高，自然植被保护相对较好，生物多样性较为丰富，同时也是水土流失重点治理区。这些区域以山地和丘陵为主，雨量适中，为林木生长提供了良好的生长环境。此外，山区交通不便，森林生态系统受到人为影响较少。中部林局主要位于太原、阳泉、大同等市，属于山西省经济最活跃的区域，区内人为活动频繁，生态环境脆弱，农田和森林生态系统相互交错，林地生产力不高，单位面积蓄积量和生长量比较低。由于以上区域因素对林木的生长产生了影响，进而影响到了森林生态系统服务。

山西省西部和南部林局林分质量相对较高，土壤中的有机质含量较高，在固持相同土壤量的情况下，能够避免更多的土壤养分流失。这些林局较其他地区物种多样性相对丰富，土壤覆盖度和固持度较高，保育土壤功能高于林种类型单一的人工林。并且南部低山丘陵区涵养水源能力较强，减弱了地表径流的形成，减少了对土壤的冲刷。总的来说，山西省森林生态系统服务表现为东西方向：西部林局＞东部山区＞中部林局；南北方向：南部林局＞北部林局的空间分布格局，主要受到森林资源组成结构、气候要素和区域性要素的影响。这些原因均是对森林生态系统净初级生产力产生作用的前提下继而影响了森林生态系统服务的强弱。

第三节　山西省直国有林不同优势树种（组）生态系统服务功能物质量评估结果

根据山西省森林资源二类调查数据，将山西省直国有林的林分类型归为 14 个优势树种（组）。山西省直国有林森林生态系统不同优势树种（组）生态系统服务功能物质量如表 3-3 所示。

从表 3-3 及图 3-23 至图 3-40 可以看出，山西省直国有林各优势树种（组）间生态系统服务物质量的分配格局呈明显的规律性，且差距较大。

一、涵养水源

调节水量最高的 3 种优势树种（组）为油松、灌木林和针阔混交林，分别为 4.66 亿立方米 / 年、4.50 亿立方米 / 年和 3.04 亿立方米 / 年，占省直国有林管理局森林涵养水源总量的 52.18%，最低的 3 种优势树种（组）槐类、硬阔类和经济林，分别为 0.055 亿立方米 / 年、0.019 亿立方米 / 年、0.005 亿立方米 / 年，仅占省直国有林管理局森林涵养水源总量的 0.34%（图 3-23）。森林是拦截降水的天然水库，具有强大的蓄水作用。其复杂的立体结构不但对降水进行再分配，还可以减弱降水对土壤的侵蚀，并且随森林类型和降水量的变化，树冠拦截的降水量也不同。

油松、灌木林和针阔混交林 3 个树种组调节水量相当于全省水资源总量的 12.08%，这表明油松、经济林和针阔混交林对于山西省直国有林的水资源安全起着重要的作用。

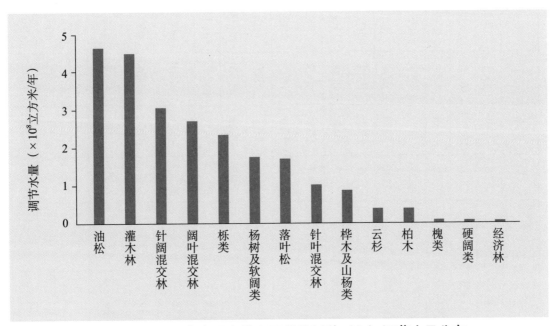

图 3-23　山西省直国有林主要优势树种（组）调节水量分布

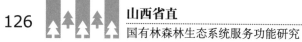

表3-3　山西省直国有林管理局和实验林场不同优势树种（组）森林生态效益物质量

类别	指标		云杉	落叶松	油松	柏木	桦类	栎类及山杨类	硬阔类	杨柳及软阔类	榆类	针叶混交林	阔叶混交林	针阔混交林	经济林	灌木林
涵养水源	调节水量（×10⁸立方米/年）		0.3799	1.7087	4.6645	0.3445	2.3388	0.8573	0.0195	1.7525	0.0551	1.0151	2.7067	3.0374	0.0045	4.5024
	固土（×10⁴吨/年）		255.4419	1382.5233	3485.4045	290.0830	1986.3402	679.2962	12.5898	1384.7736	39.6863	852.3793	1999.9620	2077.0312	3.1194	3184.0622
保育土壤	土壤N（×10⁴吨/年）		2.7035	14.7601	6.3584	3.6768	25.1061	3.4603	0.1521	6.4057	0.0754	8.9648	29.6903	12.8776	0.0084	8.7751
	土壤P（×10⁴吨/年）		0.2299	1.2443	1.2373	0.2321	9.3358	2.3096	0.0592	4.8467	0.0437	0.4262	2.7399	1.0385	0.0012	1.2290
	土壤K（×10⁴吨/年）		7.2265	28.6566	8.0555	7.4299	61.4112	17.9020	0.3905	49.7176	0.9237	7.1431	27.4949	45.0449	0.0768	99.7937
	土壤有机质（×10⁴吨/年）		4.2328	25.6197	73.8591	0.6735	9.9460	24.2669	0.1811	13.8629	0.9906	20.1283	59.9785	55.5069	0.0712	50.9986
固碳释氧	固碳（×10⁴吨/年）		1.6227	14.0406	42.5269	2.5458	35.6399	12.1943	0.1340	20.1558	0.6883	12.1060	30.4401	34.5077	0.0205	18.8427
	释氧（×10⁴吨/年）		3.4419	32.7529	101.6232	5.8083	88.4981	30.2846	0.3144	49.1391	1.7073	29.5177	74.6714	84.9741	0.0437	39.2863
林木积累营养物质	林木N（×10⁴吨/年）		0.0906	0.7290	1.0385	0.1413	1.1973	0.2087	0.0027	0.3095	0.0087	0.3485	0.8184	1.4530	0.0008	0.3515
	林木P（×10⁴吨/年）		0.0155	0.1228	0.3129	0.0231	0.5726	0.1629	0.0012	0.1347	0.0046	0.0865	0.2176	0.2290	0.0001	0.1108
	林木K（×10⁴吨/年）		86.1824	455.3498	2071.3111	289.8339	1965.8838	674.6493	6.4941	1.7899	10.2654	211.9352	1846.3419	1208.3504	1.1303	787.3628
净化大气环境	提供负离子（×10²²个/年）		9985.7079	45045.3067	170802.9929	6115.8210	137747.1034	36882.0624	1012.4420	42669.9227	1478.6255	26350.3563	101057.7840	123974.1167	57.9069	25881.3729
	吸收二氧化硫（×10⁴千克/年）		382.5238	2049.8019	5182.9733	426.9272	1205.2251	411.5699	7.7480	840.2675	23.5893	504.0399	1188.8703	1291.1627	1.9702	1944.7151
	吸收氟化物（×10⁴千克/年）		0.8871	4.7537	12.0199	0.9901	62.5399	21.3561	0.4020	43.6010	1.2240	14.6697	62.3604	52.4351	0.1022	100.9102
	吸收氮氧化物（×10⁴千克/年）		10.6454	57.0446	144.2386	11.8811	81.5738	27.8558	0.5244	56.8709	1.5966	34.114	80.4650	87.3883	0.1333	131.6220
	滞尘量	滞纳TSP（×10⁶吨/年）	58.8766	315.5433	797.7660	65.7217	451.0894	148.0648	0.8832	95.8022	2.6888	57.4026	135.5147	147.0343	0.2246	221.7021
		滞纳PM₁₀（×10⁴千克/年）	22.4632	83.4936	286.0977	16.2412	192.9742	55.8428	0.3745	19.8573	1.0705	64.7045	57.3710	173.7313	0.0355	16.7116
		滞纳PM₂.₅（×10⁴千克/年）	5.3441	19.8634	68.0636	4.1384	92.6927	27.6765	0.0749	5.3850	0.3088	15.3934	11.4742	41.3312	0.0091	64.2754

二、保育土壤

固土量总量最高的 3 种优势树种（组）为油松、灌木林和针阔混交林，分别为 3485.40 万吨 / 年、3184.06 万吨 / 年、2077.03 万吨 / 年，占省直国有林管理局固土总量的 49.60%，固土量最低的 3 种优势树种（组）为槐类、硬阔类和经济林，分别为 39.69 万吨 / 年、12.59 万吨 / 年和 3.16 万吨 / 年，占省直国有林管理局固土总量的 0.31%（图 3-24）。

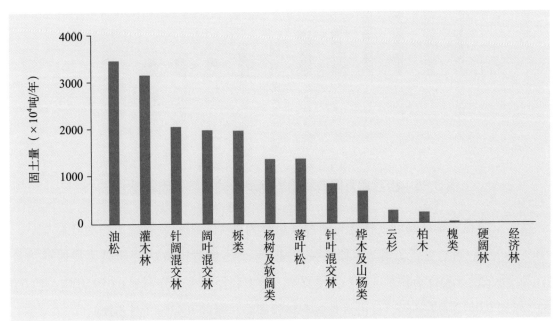

图 3-24　山西省直国有林主要优势树种（组）固土量分布

山西省是典型的黄土高原，土壤侵蚀与水土流失长期以来是人们共同关注的生态环境问题，一方面不仅导致表层土壤随地表径流流失，切割蚕食地表，而且径流携带的泥沙又会淤积阻塞江河湖泊，抬高河床，增加洪涝隐患，因此，油松林、灌木林和针阔混交林固土功能的作用体现在防治山区水土流失方面，对于维护黄河流域和海河流域的生态安全意义重大，为流域周围地区社会经济发展提供了重要保障，也为生态效益科学化补偿提供了技术支撑。另外，油松、灌木林和针阔混交林的固土功能还最大限度提高了水库的使用寿命，保障了山西省的用水安全。

土壤侵蚀特别是加速侵蚀造成肥沃的表层土壤大量流失，使土壤理化性质和生物学特性发生相应的退化，导致土壤肥力与生产力的降低。固定土壤氮素量最高的 3 种优势树种（组）为阔叶混交林、栎类和落叶松，分别为 29.69 万吨 / 年、25.11 万吨 / 年和 14.76 万吨 / 年，占省直国有林管理局土壤氮素总量的 56.54%；最低的 3 种优势树种（组）为硬阔类、槐类和经济林，分别为 0.15 万吨 / 年、0.08 万吨 / 年和 0.01 万吨 / 年，仅占省直国有林管理局总量的 0.19%（图 3-25）。

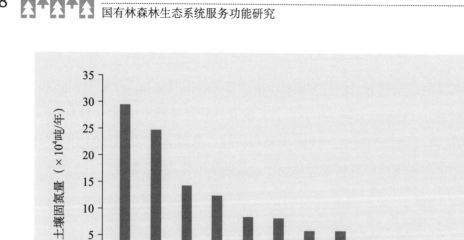

图 3-25　山西省直国有林主要优势树种（组）固氮量分布

固定土壤磷素量最高的 3 种优势树种（组）为栎类、杨树及软阔类和阔叶混交林，分别为 9.34 万吨 / 年、4.85 万吨 / 年和 2.74 万吨 / 年，占省直国有林管理局优势树种总量的 67.76%；最低的 3 种优势树种（组）为硬阔类、槐类和经济林，分别为 0.059 万吨 / 年、0.044 万吨 / 年和 0.0012 万吨 / 年，仅占省直国有林管理局总量的 0.42%（图 3-26）。

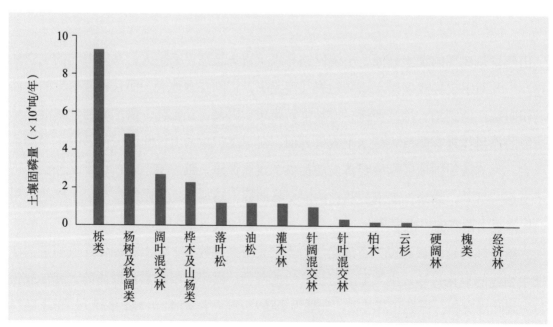

图 3-26　山西省直国有林主要优势树种（组）固磷量分布

固定土壤钾素量最高的 3 种优势树种（组）为灌木林、栎类和杨树及软阔类，分别为 99.79 万吨 / 年、61.41 万吨 / 年和 49.72 万吨 / 年，占省直国有林管理局优势树种总量的

58.38%；最低的 3 种优势树种（组）为槐类、硬阔类和经济林，分别为 0.92 万吨 / 年、0.39 万吨 / 年和 0.077 万吨 / 年，仅占省直国有林管理局总量的 0.39%（图 3-27）。

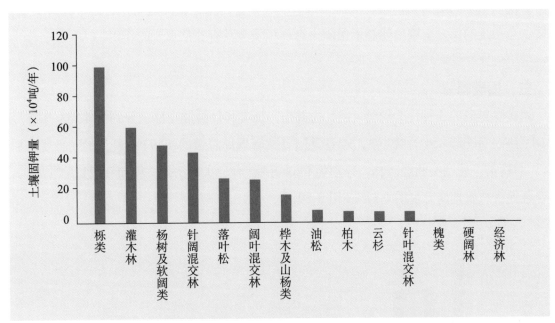

图 3-27　山西省直国有林主要优势树种（组）固钾量分布

固定土壤有机质总量最高的 3 种树种组为油松、阔叶混交林和针阔混交林，分别为 73.86 万吨 / 年、59.98 万吨 / 年和 55.51 万吨 / 年，占省直国有林管理局优势树种总量的 55.64%；最低的 3 种优势树种（组）为柏木、硬阔类和经济林，分别为 0.67 万吨 / 年、0.18 万吨 / 年和 0.071 万吨 / 年，仅占省直国有林管理局总量的 0.27%（图 3-28）。

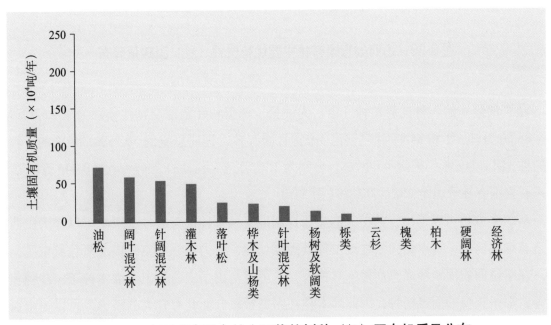

图 3-28　山西省直国有林主要优势树种（组）固有机质量分布

伴随着土壤的侵蚀，大量的土壤养分也随之被带走，且进入水库或者湿地，极有可能引发水体的富营养化，导致更为严重的生态灾难，同时，由于土壤侵蚀所带来的土壤贫瘠化，会使人们加大肥料使用量，继而带来严重的面源污染，使其进入一种恶性循环，所以，森林生态系统的保育土壤功能对于保障生态环境安全具有非常重要的作用。

三、固碳释氧

固碳量最高的 3 种优势树种（组）为油松、栎类和针阔混交林，分别为 42.53 万吨 / 年、35.64 万吨 / 年和 34.51 万吨 / 年，占省直国有林管理局总量的 49.97% 最低的 3 种优势树种（组）为槐类、硬阔类和经济林，分别为 0.69 万吨 / 年、0.13 万吨 / 年和 0.021 万吨 / 年，仅占省直国有林管理局总量的 0.37%（图 3-29）。

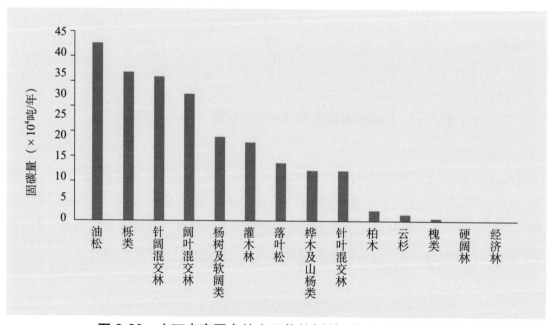

图 3-29　山西省直国有林主要优势树种（组）固碳量分布

释氧量最高的 3 种优势树种（组）为油松、栎类和针阔混交林，分别为 101.62 万吨 / 年、88.50 万吨 / 年和 84.97 万吨 / 年，占省直国有林管理局总量的 50.75%，最低的 3 种优势树种（组）为云杉、硬阔类和竹林，分别为 1.71 万吨 / 年、0.31 万吨 / 年和 0.044 万吨 / 年，仅占省直国有林管理局总量的 0.38%（图 3-30）。

从以上分析可以得出，油松、栎类和针阔混交林 3 种优势树种（组）可以作为山西省的造林绿化树种，可以最大限度地发挥其固碳功能，有力地调节空气中二氧化碳浓度。此外，在单位面积固碳释氧方面灌木林最大，这可能是由于山西省主要灌木柠条、沙棘和连翘等，都是重要的固氮树种，因此灌木林在固氮释氧方面具有较大的潜力，可以为山西省内生态效益科学化补偿以及跨区域的生态效益科学化补偿提供基础数据。

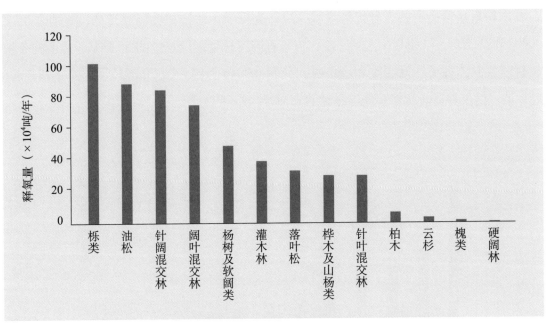

图 3-30　山西省直国有林主要优势树种（组）释氧量分布

四、林木积累营养物质

林木积累氮量最高的 3 种优势树种（组）为针阔混交林、栎类和油松，分别为 1.45 万吨 / 年、1.20 万吨 / 年和 1.04 万吨 / 年，占省直国有林管理局总量的 55.07%，最低的 3 种优势树种（组）为云杉、硬阔类和竹林，分别 0.0087 万吨 / 年、0.0027 万吨 / 年和 0.00079 万吨 / 年，仅占省直国有林管理局总量的 0.18%（图 3-31）。

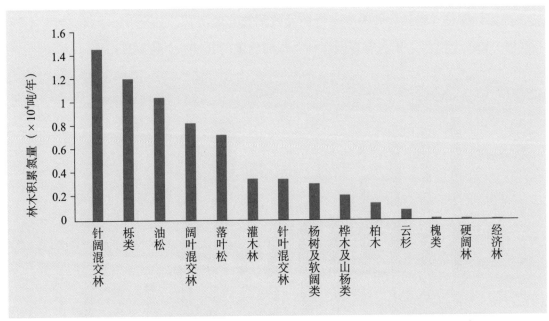

图 3-31　山西省直国有林主要优势树种（组）林木积累氮量分布

林木积累磷量最高的 3 种优势树种（组）为栎类、油松和针阔混交林，分别为 0.57 万吨 / 年、0.31 万吨 / 年和 0.26 万吨 / 年，占省直国有林管理局总量的 56.54%，最低的 3 种优势树种（组）为槐类、硬阔类和经济林，分别 0.0046 万吨 / 年、0.0012 万吨 / 年和 0.00011 万吨 / 年，仅占省直国有林管理局总量的 0.29%（图 3-32）。

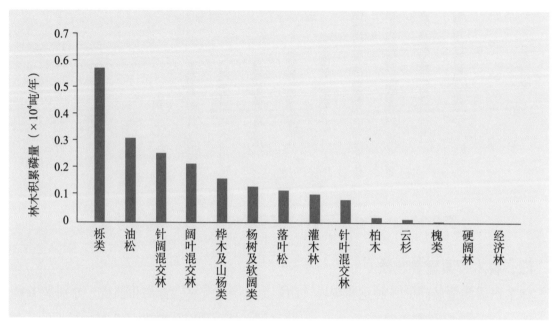

图 3-32　山西省直国有林主要优势树种（组）林木积累磷量分布

林木积累钾量最高的 3 种优势树种（组）为油松、栎类和阔叶混交林，分别为 2071.31 万吨 / 年、1965.88 万吨 / 年和 1846.34 万吨 / 年，占省直国有林管理局总量的 61.18%，最低的 3 种优势树种（组）为硬阔类、杨树及软阔类和经济林，分别 6.49 万吨 / 年、1.79 万吨 / 年和 1.13 万吨 / 年，仅占省直国有林管理局总量的 0.10%（图 3-33）。

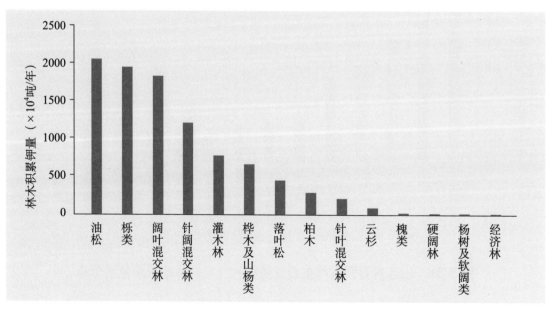

图 3-33　山西省直国有林主要优势树种（组）林木积累钾量分布

林木在生长过程中不断从周围环境吸收营养物质，固定在植物体中，成为全球生物化学循环不可缺少的环节。林木积累营养物质服务功能首先是维持自身生态系统的养分平衡，其次是为人类提供生态系统服务。林木积累营养物质功能与固土保肥中的保肥功能，无论从机理、空间部位，还是计算方法上都有本质区别。前者属于生物地球化学循环的范畴，而保肥功能是从水土保持的角度考虑，即如果设有这片森林，每年水土流失中也将包含一定量的营养物质，属于物理过程。灌木林和油松林主要分布在山西省西部和东部山区。从林木积累营养物质的过程可以看出，两个山区森林生态系统可以一定程度上减少因为水土流失而带来的养分损失，在其生命周期内，使得固定在体内的养分元素再次进入生物地球化学循环，极大地降低水体污染的可能性。

五、净化大气环境

提供负离子量最高的 3 种优势树种（组）为油松、栎类和针叶混交林，分别为 170.80×10^{18} 个 / 年、137.75×10^{18} 个 / 年和 123.97×10^{18} 个 / 年，占省直国有林管理局总量的 59.33%；最低的 3 种优势树种（组）为云杉、硬阔类和竹林，分别为 1.48×10^{18} 个 / 年、1.01×10^{18} 个 / 年和 0.058×10^{18} 个 / 年，仅占省直国有林管理局总量的 0.35%（图 3-34）。

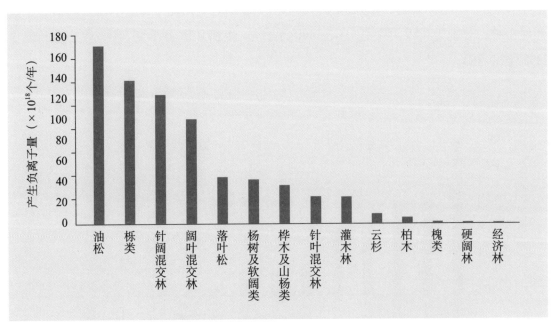

图 3-34　山西省直国有林主要优势树种（组）提供负离子量分布

吸收二氧化硫量最高的 3 种优势树种（组）为油松、落叶松和灌木林，分别为 5182.97 万千克 / 年、2049.80 万千克 / 年和 1944.72 万千克 / 年，占省直国有林管理局总量的 59.36%；最低的 3 种优势树种（组）为槐类、硬阔类和经济林，分别为 23.59 万千克 / 年、7.75 万千克 / 年和 1.97 万千克 / 年，仅占省直国有林管理局总量的 0.22%（图 3-35）。

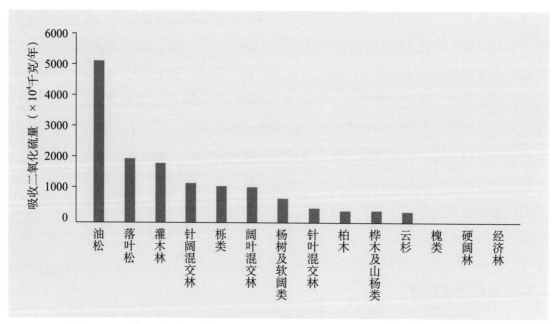

图 3-35　山西省直国有林主要优势树种（组）吸收二氧化硫量分布

　　吸收氟化物量最高的 3 种优势树种（组）为灌木林、栎类和阔叶混交林，分别为 100.91 万千克/年、62.54 万千克/年和 62.36 万千克/年，占省直国有林管理局总量的 59.70%，其中灌木林吸收氟化物的量占林局总量的 26.68%；最低的 3 种优势树种（组）为云杉、硬阔类和经济林，分别为 0.89 万千克/年、0.40 万千克/年和 0.10 万千克/年，仅占全省总量的 0.23%（图 3-36）。

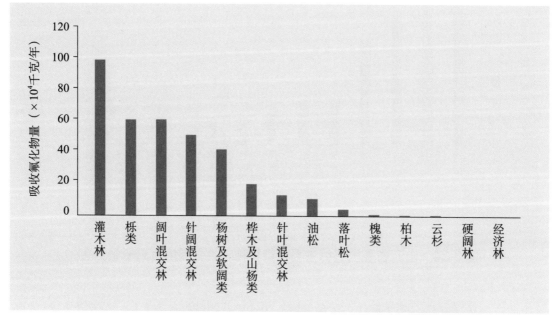

图 3-36　山西省直国有林主要优势树种（组）吸收氟化物量分布

　　吸收氮氧化物量最高的 3 种优势树种（组）为油松、灌木林和针阔混交林，分别为 144.24 万千克/年、133.62 万千克/年和 87.39 万千克/年，占省直国有林管理局总量的

50.04%；最低的 3 种优势树种（组）为槐类、硬阔类和经济林，分别为 1.60 万千克 / 年、0.52 万千克 / 年和 0.13 万千克 / 年，仅占省直国有林管理局总量的 0.31%（图 3-37）。

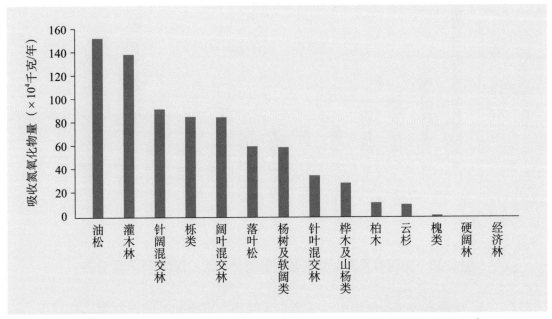

图 3-37　山西省直国有林主要优势树种（组）吸收氮氧化物量分布

空气负离子是一种重要的无形旅游资源，具有杀菌、降尘、清洁空气的功效，被誉为"空气维生素与生长素"，对人体健康十分有益。随着森林生态旅游的兴起及人们保健意识的增强，空气负离子作为一种重要的森林旅游资源已越来越受到人们的重视。所以，油松林、栎类和灌木林所产生的空气负离子，对于山西省旅游区的旅游资源质量具有很大的贡献。

滞纳 TSP 量最高的 3 种优势树种（组）为油松、栎类和落叶松，分别为 797.77 万吨 / 年、451.09 万吨 / 年和 315.54 万吨 / 年，占省直国有林管理局总量的 62.62%；最低的 3 种优势树种（组）为针叶槐类、硬阔类和经济林，分别为 2.69 万吨 / 年、0.88 万吨 / 年和 0.22 万吨 / 年，仅占省直国有林管理局总量的 0.15%（图 3-38）。

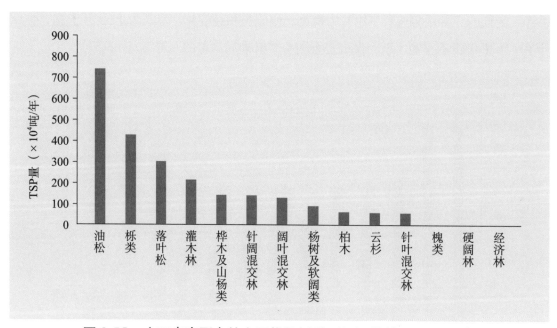

图 3-38　山西省直国有林主要优势树种（组）滞纳 TSP 量分布

滞纳 PM_{10} 量最高的 3 种优势树种（组）为油松、栎类和针阔混交林，分别为 286.10 万千克／年、192.97 万千克／年和 173.73 万千克／年，占省直国有林管理局总量的 65.88%；最低的 3 种优势树种（组）为槐类、硬阔类和经济林，分别为 1.07 万千克／年、0.37 万千克／年和 0.036 万千克／年，仅占省直国有林管理局总量的 0.15%（图 3-39）。

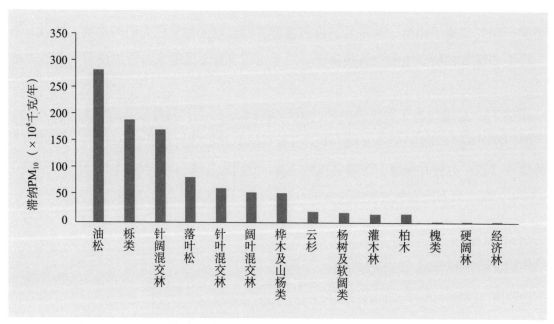

图 3-39　山西省直国有林主要优势树种（组）滞纳 PM_{10} 量分布

滞纳 $PM_{2.5}$ 量最高的 3 种优势树种（组）为栎类、油松和灌木林，分别为 92.69 万千克／年、68.06 万千克／年和 64.28 万千克／年，占省直国有林管理局总量的 63.21%；最低的 3 种优

势树种（组）为槐类、硬阔类和经济林，分别为 0.31 万千克 / 年、0.07 万千克 / 年和 0.0091
万千克 / 年，仅占省直国有林管理局总量的 0.11%（图 3-40）。

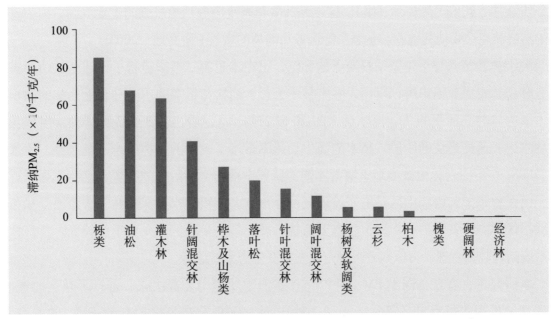

图 3-40   山西省直国有林主要优势树种（组）滞纳 PM$_{2.5}$ 量分布

　　通过以上结果可以看出：山西省直国有林各优势树种（组）中，生态系统服务物质量
排序前几位的为油松、灌木林、针阔混交林和栎类，最后 3 位分别为槐类、硬阔类和经济
林。前面章节研究得出，各优势树种（组）面积所占比例，排序前 4 的同样为油松、灌木林、
针阔混交林和栎类，分别占省直国有林管理局林地总面积的 19.75%、18.03%、11.97% 和
11.17%，而槐类、硬阔类和经济林，分别占省直国有林管理局林地总面积的 0.22%、0.07%
和 0.02%，排在最后。通过数据统计可以得出：各优势树种（组）生态系统服务物质量的大
小与其面积呈紧密的正相关。从以上分析可以看出，各优势树种（组）间的各项生态系统
服务均呈现为油松、灌木林、针阔混交林和栎类位于前列。同时，乔木类的各项生态系统
服务物质量均高于经济林、灌木林和竹林。

　　山西地处我国大陆东部中纬度地区，南北狭长，气候类型属温带大陆性季风气候。境
内地形复杂，地貌多样，山脉起伏，高低悬殊，水平气候与垂直气候差异甚大，综合气候
特征为：冬季寒冷干燥，夏季炎热多雨，各地温差悬殊，地面风向紊乱，风速偏小，日光充
足，光热资源丰富。西部吕梁山脉和东部太行山脉是山西省直国有林管理局的重点保护区
域，森林覆盖率高，森林生态系统完整，生物种类十分丰富，降水丰沛，是山西省乃至京
津冀生态圈的重要屏障。以上几种乔木优势树种（组）的资源面积主要分布在东西山脉，这
两个区域的自然特征和森林资源状况，保证了其森林生态系统服务的正常发挥。从山西省
直国有林森林资源数据中可以得出，优势树种（组）中油松、针阔混交林、阔叶混交林和
栎类的面积和蓄积量分别占省直国有林管理局森林总量的 53.91% 和 67.84%。可以看出，油

松、针阔混交林、阔叶混交林和栎类的森林资源数量占据了林局森林资源的一半以上，生态系统服务较强。另外，由面积和蓄积量所占比例还可以看出，此4个优势树种（组）的林分质量强于其他优势树种（组），这也是其生态系统服务功能较强的主要原因，因为生物量的高生长也会带动其他森林生态系统服务功能项的增长（谢高地，2003）。

关于林龄结构对于生态系统服务的影响，已在本章第二节中进行了论述。从山西省直国有林森林资源数据中可以得出，乔木林中云杉、油松和栎类的中龄林和近熟林的面积分别占其乔木林总面积的73.14%、68.24%和62.21%，可以看出这3个优势树种（组）正处于林木生长速度最快的阶段，林木的高生长速率带来了较强的森林生态系统服务。庄家尧等(2008)在不同森林植被类型土壤蓄水能力研究中得出，中龄林的土壤蓄水能力强于近熟林。山西省东部和西部山区是生态脆弱区，分布有大面积的水土保持林、水源涵养林和自然保护区林。这些防护林均属于生态公益林，处于禁止采伐区，人为干扰较低，其森林生态系统结构较为合理，可以高效、稳定地发挥其生态系统服务。

本研究中，将森林滞纳PM_{10}和$PM_{2.5}$，从滞尘功能中分离出来，进行了独立的评估，从评估结果中可以看出（图3-55至图3-58），油松和栎类在净化PM_{10}和$PM_{2.5}$的值最大，这可能是因为油松和栎类的森林面积大，但是它们在净化大气环境的作用是显著的。此外，除栎类，针阔混交林、落叶松和针叶混交林在净化PM_{10}和$PM_{2.5}$的能力上都很强，滞纳颗粒物能力较强的均为针叶林。总体来讲，针叶林吸附与滞纳污染物的能力与栎类差异性较小，说明针叶林净化大气环境能力较强，针叶混交林的净化大气环境能力高主要是由于其自然滞尘的速率较高（张维康，2015）。所以，针叶林滞纳PM_{10}和$PM_{2.5}$的能力较强（季静，2013）。滞尘能力较强的针叶优势树种（组）大部分分布在两山山区，山区年降雨量较高且次数较多，在降雨的作用下，树木叶片表面滞纳的颗粒物能够再次悬浮回到空气中或洗脱至地面，从而叶片有反复滞纳颗粒物的能力(Hofman，2014)。

研究结果中，灌木林在调节水量方面发挥着重要的作用，山西省具有干旱半干旱的气候特征，尤其是北部风沙区，因此，根据适地适树原则，在土壤和气候不能满足乔木林的区域，栽植灌木林是适合山西省植被修复和恢复的重要措施之一。

第四章
山西省直国有林森林生态系统
服务功能价值量评估

第一节　山西省直国有林森林生态系统服务功能价值量评估总结果

根据前文评估指标体系及其计算方法，得出山西省直国有林森林生态系统服务功能总价值为852.52亿元/年，相当于2016年山西省森林生态系统服务功能总价值（3172.64亿元）的26.87%，每公顷森林提供的价值量为7.005万元/年。所评估的7项功能价值量见表4-1。

表4-1　山西省直国有林主要优势树种（组）释氧量分布

功能项	涵养水源	保育土壤	固碳释氧	林木积累营养物质	净化大气环境	生物多样性保护	森林游憩	小计
价值量（亿元/年）	246.64	153.35	99.00	23.84	242.72	83.53	3.44	852.52

在7项森林生态系统服务价值的贡献之中（图4-1），其从大到小的顺序为：涵养水源、净化大气环境、保育土壤、固碳释氧、生物多样性保护、林木积累营养物质、森林游

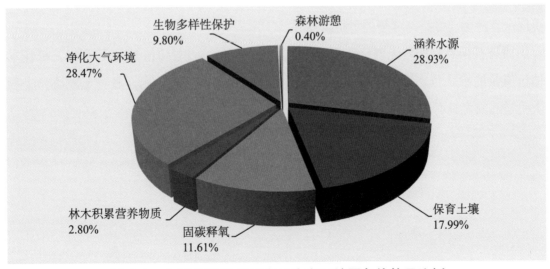

图4-1　山西省直国有林森林生态系统服务价值量比例

憩。山西省直国有林 7 项森林生态功能的价值量和所占比率分别为：涵养水源价值量 246.64 亿元／年，占比 28.93%；保育土壤价值量 153.35 亿元／年，占比 17.99%；固碳释氧价值量 99.00 亿元／年，占比 11.61%；林木积累营养物质价值量 23.84 亿元／年，占比 2.80%；净化大气环境价值量 242.72 亿元／年，占比 28.47%；生物多样性保护价值量 83.53 亿元／年，占比 9.80%，森林游憩价值量 3.44 亿元／年，占比 0.40%。山西省直国有林各项森林生态系统服务价值量所占总价值量的比例，能够充分体现出山西省直国有林管理局及实验林场所处区域森林生态系统以及其森林资源结构的特点。

在山西省直国有林森林生态系统所提供的诸项服务中，以涵养水源功能的价值量所占比例最高，山西省直国有林森林生态系统的水源涵养功能对于维持山西省的用水安全起到了非常重要的作用。山西省近年来在大型水库上游大力实施水源涵养林人工造林，这与山西省直国有林森林的涵养水源价值量较高有关。净化大气环境各项指标的总价值量为 242.72 亿元／年，占全省总价值量的 28.47%。其中，提供负氧离子的总价值量为 0.43 亿元／年，占净化大气环境价值的 0.18%；吸收污染物的价值量为 3.29 亿元／年，占净化大气环境价值的 1.36%；滞纳 TSP 的总价值量 64.96 亿元／年，占净化大气环境价值的 26.76%；滞纳 PM_{10} 的价值量 3.09 亿元／年，占净化大气环境价值的 1.27%，滞纳 $PM_{2.5}$ 的价值量 170.95 亿元／年，占净化大气环境价值的 70.43%。山西省省直国有林管理局净化大气环境的价值量所占比例仅次于涵养水源价值量，这是因为本研究在计算净化大气环境的生态系统服务功能时，重点考虑了森林滞纳 $PM_{2.5}$ 和 PM_{10} 的价值量。众所周知，$PM_{2.5}$ 是可入肺的细颗粒物，以其粒径小、富含有害物质多，在空气中停留时间长，可远距离输送，因而对人体健康和大气环境质量的影响更大（Li, 2010）。本次的研究采用健康损失法测算了由于 $PM_{2.5}$ 和 PM_{10} 的存在对人体健康造成的损伤，用损失的健康价值替代 $PM_{2.5}$ 和 PM_{10} 带来的危害，从而使得评估的净化大气环境的价值量较高。山西省直国有林森林植被能够有效地起到滞纳颗粒物的作用，净化大气环境，从而维护人居环境的安全，有利于区域生态文明建设，最终实现全省社会、经济与环境的可持续发展。

山西省直国有林保育土壤价值量为 153.35 亿元／年，占总价值量的 17.99%，排在本次评估价值量的第三位。森林保育土壤的价值量比例最高，这对于山西省黄土地质和土石山地质土壤的发育具有极其重要的作用。

第二节　山西省直国有林森林生态系统服务功能价值量评估结果

山西省直国有林各林局森林生态系统服务价值量见表 4-2。本节阐述的山西省直国有林森林生态系统服务价值量不包括森林防护功能。山西省直国有林各林局森林生态系统服务价值量的空间分布格局如图 4-2 至图 4-10。

一、涵养水源

统计结果显示，涵养水源功能价值量最高的 3 个林局为中条、吕梁和关帝林局，分别为 47.87 亿元 / 年、46.85 亿元 / 年和 44.88 亿元 / 年，占所有林局（场）涵养水源总价值量的 56.60%；最低的 3 个林局为管涔、太行林局和实验林场，分别为 14.36 亿元 / 年、13.63 亿元 / 年和 1.07 亿元 / 年，仅占所有林局（场）涵养水源总价值的 11.78%（图 4-2）。中条、

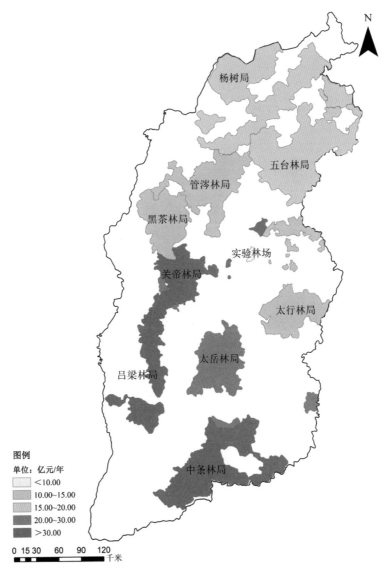

图 4-2　山西省直国有林各林局森林涵养水源功能价值空间分布

表 4-2 山西省直国有林各林局森林生态系统服务功能价值量评估结果

林局	涵养水源 (亿元/年)	保育土壤 (亿元/年)	固碳释氧 (亿元/年)	林木积累营养物质 (亿元/年)	净化大气环境						生物多样性 (亿元/年)	森林游憩 (亿元/年)	小计 (亿元/年)
					提供负离子 (亿元/年)	吸收污染物 (亿元/年)	滞纳TSP (亿元/年)	滞纳PM$_{10}$ (亿元/年)	滞纳PM$_{2.5}$ (亿元/年)	小计 (亿元/年)			
杨树局	16.5300	9.3700	7.9400	1.1700	0.0200	0.1900	2.7000	0.0800	3.3200	6.3000	3.7300	0	45.0400
太岳林局	28.1800	18.0800	15.5500	3.4900	0.0600	0.3400	5.6300	0.3900	18.4000	24.8100	22.7600	2.9942	115.8642
太行林局	13.6300	8.5600	4.7500	1.0900	0.0100	0.2500	4.8000	0.1800	9.4500	14.6900	3.2100	0	45.9300
中条林局	47.8700	30.8000	21.1000	5.4500	0.1000	0.6400	13.7300	0.7100	38.1900	53.3700	15.4500	0.0915	174.1315
黑茶林局	14.5800	9.5000	5.2700	1.1400	0.0300	0.1800	3.5600	0.1700	10.5400	14.4800	3.9600	0.0036	48.9336
吕梁林局	46.8500	27.0200	17.1700	4.5900	0.0800	0.4900	11.4200	0.5600	37.5000	50.0500	15.0500	0	160.7300
实验林场	1.0700	0.6900	0.3100	0.0800	0	0.0100	0.2300	0.0100	0.7400	1.0000	0.2300	0	3.3800
管涔林局	14.3600	8.2500	4.0800	1.3500	0.0100	0.2300	4.1500	0.1600	8.4100	12.9600	2.8500	0.3446	44.1946
五台林局	18.7000	10.0300	6.1300	1.7200	0.0100	0.3000	5.8200	0.2100	10.9400	17.2800	4.1900	0	58.0500
关帝林局	44.8800	31.0500	16.6900	3.7700	0.1200	0.6600	12.9100	0.6300	33.4500	47.7800	12.0900	0.0030	156.2630
所有林局	246.6500	153.3500	98.9900	23.8500	0.4400	3.2900	64.9500	3.1000	170.9400	242.7200	83.5200	3.4369	852.5169

吕梁和关帝林局森林生态系统涵养水源价值相当于山西省森林生态系统涵养水源价值量的
14.51%。由此可见，中条、吕梁和关帝林局森林生态系统涵养水源功能对于山西省的重要
性。通常，实施控制性蓄水工程及水网建设是政府采用最多的工程方法，但是建设水利等
工程设施存在许多弊端，例如：占用大量的土地，改变了其土地利用方式，且水利等基础设
施存在使用年限等。作为"生态涵水"的主体，森林生态系统就像一个"绿色、安全、永久"
的水利设施，保存完整的情况下，其涵养水源功能是持续增长的，同时还能带来其他方面
的生态功能，例如：防止水土流失、森林游憩、生物多样性保护等。

二、保育土壤

保育土壤功能价值量最高的 3 个林局关帝、中条和吕梁林局，分别为 31.05 亿元 / 年、
30.80 亿元 / 年和 27.02 亿元 / 年，占所有林局（场）保育土壤总价值量的 57.95%，最低的
3 个林局为太行、管涔林局和实验林场，分别为 8.56 亿元 / 年、8.25 亿元 / 年和 0.69 亿元 /
年，占所有林局（场）保育土壤总价值量的 11.41%（图 4-3）。关帝、中条和吕梁林局森林
生态系统保育土壤价值相当于山西省森林生态系统保育土壤价值量的 15.23%。由此可以看
出关帝、中条和吕梁林局森林生态系统保育土壤功能对于山西省的重要性。以上地区属于
黄河流域重要的干支流，区内还分布有山西省 4 座大型水库，其森林生态系统的固土作用极
大地保障了生态安全以及延长了水库的使用寿命，为本区域社会经济发展提供了重要保障。
在地质灾害发生方面，山西省东西部山区属典型的黄土和土石山区，是山西省地质灾害多
发区，每年都有不同类型的地质灾害发生，给人民生命财产和国家经济建设造成重大损失。
所以，关帝、中条和吕梁林局森林生态系统保育土壤功能对于降低山西省地质灾害经济损
失、保障人民生命财安全，具有非常重要的作用。

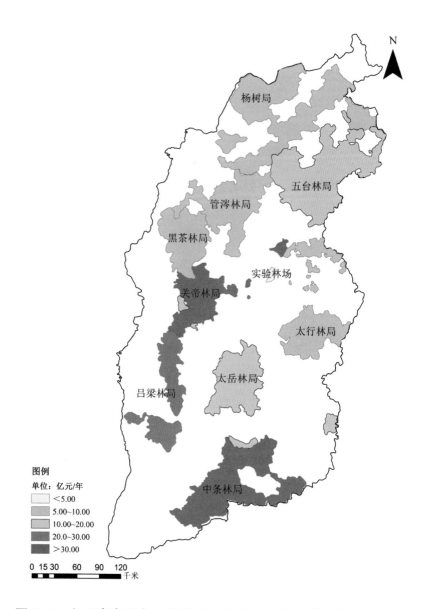

图 4-3　山西省直国有林各林局森林保育土壤功能价值空间分布

三、固碳释氧

固碳释氧功能价值量最高的 3 个林局为中条、吕梁和关帝林局，分别为 21.10 亿元 / 年、17.17 亿元 / 年和 16.69 亿元 / 年，占所有林局（场）固碳释氧总价值量的 55.52%，最低的 3 个林局太行、管涔和实验林场，分别为 4.75 亿元 / 年、4.08 亿元 / 年和 0.31 亿元 / 年，仅占所有林局（场）固碳释氧总价值量的 9.23%（图 4-4）。中条、吕梁和关帝林局森林生态系统固碳释氧价值相当于山西省森林生态系统固碳释氧价值量的 16.73%。由此可见，中条、吕梁和关帝林局森林生态系统固碳释氧功能对于山西省的重要性。

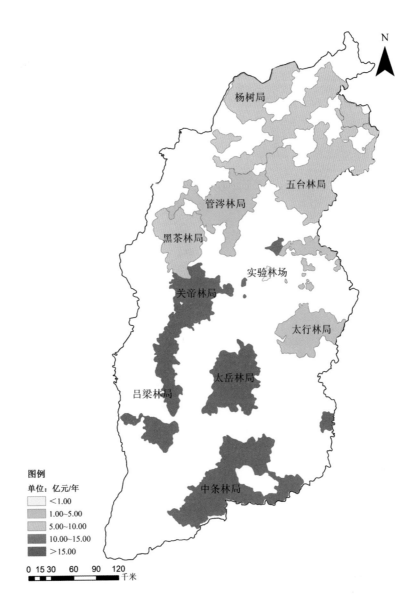

图 4-4　山西省直国有林各林局森林固碳释氧功能价值空间分布

四、林木积累营养物质

林木积累营养物质功能价值量最高的 3 个林局为中条、吕梁和关帝林局，分别为 5.45 亿元 / 年、4.59 亿元 / 年和 3.77 亿元 / 年，占所有林局（场）林木积累营养物质总价值量的 57.90%；最低的 3 个林局为黑茶、太行和实验林场，分别为 1.14 亿元 / 年、1.09 亿元 / 年和 0.08 亿元 / 年，仅占所有林局（场）林木积累营养物质总价值量的 9.69%（图 4-5）。整体趋势为南部高于中北部林局（场）。中条、吕梁和关帝林局森林生态系统林木积累营养物质价值相当于山西省森林生态系统林木积累营养物质价值量的 17.96%。由此可以看出，中条、吕梁和关帝林局森林生态系统林木积累营养物质功能对于山西省的重要性。林木在生长过程中不断从周围环境吸收营养物质，固定在植物体中，成为全球生物化学循环不可缺少的环节。

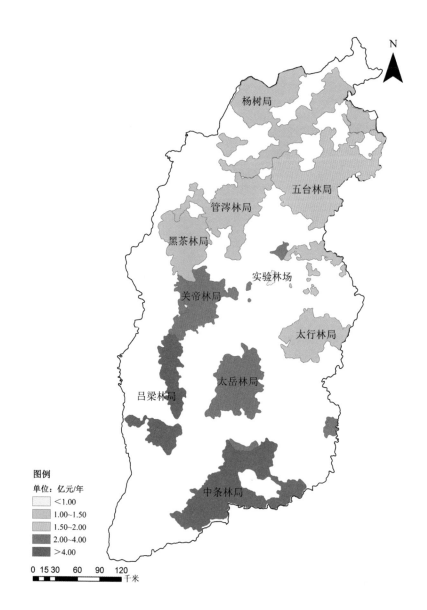

图 4-5　山西省直国有林各林局森林积累营养物质功能价值空间分布

　　林木积累营养物质服务功能首先是维持自身生态系统的养分平衡，其次为人类提供生态系统服务。林木积累营养物质功能可以使土壤中部分养分元素暂时保存在植物体内，在之后的生命循环周期内再归还到土壤中，这样可以暂时降低因为水土流失而带来的养分元素的损失。一旦土壤养分元素损失就会造成土壤贫瘠化，若想再保持土壤原有的肥力水平，就需要通过人为的方式向土壤中输入养分。

五、净化大气环境

净化大气环境功能价值量最高的 3 个林局为中条、吕梁和关帝林局，分别为 53.37 亿元 / 年、50.05 亿元 / 年和 47.78 亿元 / 年，占所有林局（场）净化大气环境总价值量的 62.29%，最低的 3 个林局为管涔林局、杨树局和实验林场，分别为 12.96 亿元 / 年、6.30 亿元 / 年和 1.00 亿元 / 年，仅占所有林局(场)净化大气环境总价值量的 8.35%（图 4-6 至图 4-8）。

整体趋势为西南部高于中北部林局（场）。中条、吕梁和关帝林局森林生态系统净化大气环境价值相当于山西省森林生态系统净化大气环境价值量的 17.03%。由此可以看出，中条、吕梁和关帝林局森林生态系统净化大气环境功能对于山西省的重要性。

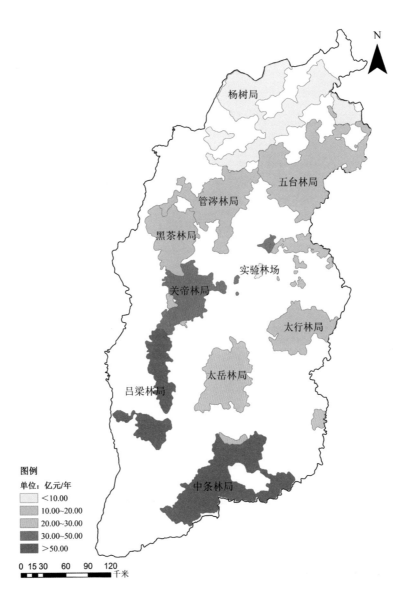

图 4-6　山西省直国有林各林局森林净化大气环境功能价值空间分布

　　所有林局（场）净化大气环境的价值量所占山西省森林生态系统净化大气环境的价值量比例可达27.33%，这是因为本研究在计算净化大气环境的生态系统服务功能时，重点考虑了森林滞纳$PM_{2.5}$和PM_{10}的价值。作为煤炭大省，生产引起的颗粒物造成的大气污染相对严重，我们知道$PM_{2.5}$这种可入肺的细颗粒物，以其粒径小、富含有毒物质多，在空气中停留时间长，可远距离输送，因而对人体健康和大气环境质量的影响更大（Li, 2010）。森林生态系统净化大气环境功能即为林木通过自身的生长过程，从空气中吸收污染气体，在体内经过一系列的转化过程，将吸收的污染气体降解后排出体外或者储存在体内；另一方面，林木通过林冠层的作用，加速颗粒物的沉降或者吸附滞纳在叶片表面，进而起到净化大气环境的作用，极大地降低了空气污染物对于人体的危害。

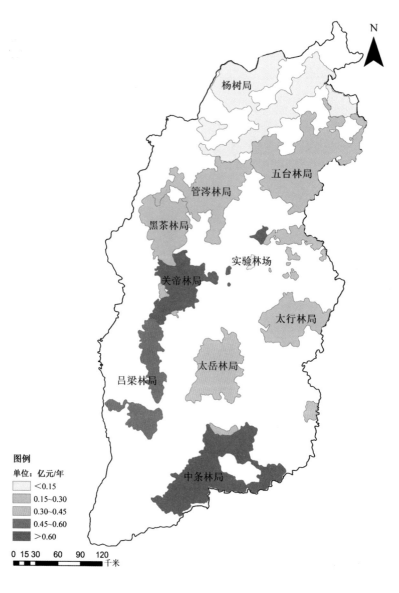

图4-7　山西省直国有林各林局森林吸滞PM_{10}功能价值空间分布

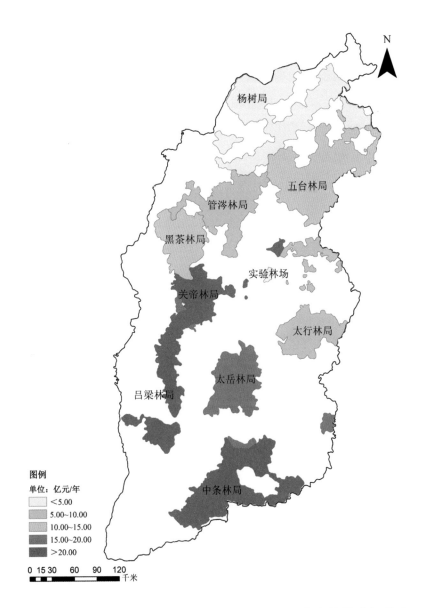

图 4-8　山西省直国有林各林局森林吸滞 PM$_{2.5}$ 功能价值空间分布

六、生物多样性保护

生物多样性保护功能价值量最高的 3 个林局为太岳、中条和吕梁林局，分别为 22.76 亿元 / 年、15.45 亿元 / 年和 15.05 亿元 / 年，占所有林局（场）生物多样性保护总价值量的 63.77%，最低的三个林局为太行、管涔林局和实验林场，分别为 3.21 亿元 / 年、2.85 亿元 / 年和 0.23 亿元 / 年，仅占所有林局（场）生物多样性保护总价值量的 7.53%（图 4-9）。整体趋势为南部高于中北部林局。太岳、中条和吕梁林局森林生态系统生物多样性保护价值相当于山西省森林生态系统生物多样性保护价值量的 20.83%。山西省四周山河环绕，地形复杂，地貌多样，省内多山地丘陵，由于海拔高度、山脉走向、地形、坡向的不同，在山区常常形成复杂的地方性小气候，降水也比平原地区丰富，地质地貌的特殊和丰富多变的气候因子，为生物多样性提供了得天独厚的自然生态条件。吕梁山、太岳山、中条山山脉起伏，高低悬殊，自然环境多样，水热条件优越，动植物资源丰富，是山西省生物多样性最高的地区。由此可以看出，太岳、中条和吕梁林局森林生态系统生物多样性保护功能对于山西省的重要性。山西森林资源中有 2743 种野生植物，其中有不少珍稀名贵树种，如国家一级保护植物红豆杉；有 439 种野生动物，其中不乏金钱豹、褐马鸡等国家一级保护动物。这些珍贵的野生动植物共同构成了丰富多彩的森林景观，有极高的观赏价值和科研价值。

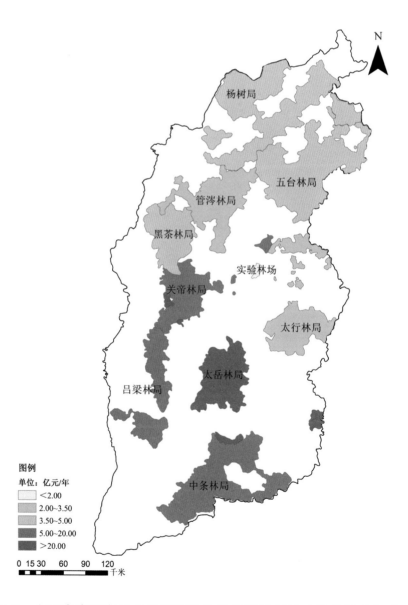

图 4-9　山西省直国有林各林局森林生物多样性保护功能价值空间分布

山西省政府将生物多样性保护纳入重要日程，成立山西省生物多样性保护委员会，负责统筹协调全省生物多样性保护工作，开展"联合国生物多样性十年"山西行动，积极开展生物多样性调查、评估与监测工作，强化自然保护区建设与监管，优化自然保护区布局，积极建设生物多样性恢复示范区和保护示范区。为了有效保护和管理境内野生动物及自然环境，截至 2016 年年底，山西省共建成自然保护区 46 个，其中国家级 7 个，省级 39 个，自然保护区面积达 110 万公顷，占全省国土面积的 7.4%。共有国家级生态示范区 16 个，省级生态功能保护区 2 个；国家级生态乡镇 8 个，国家级生态村 3 个；省级生态县 2 个，省级生态乡镇 257 个，省级生态村 1454 个。

七、森林游憩

森林游憩功能价值量最大的 3 个林局分别为太岳、管涔和中条林局，分别为 2.99 亿元 / 年、0.34 亿元 / 年和 0.092 亿元 / 年，占所有林局（场）森林游憩功能价值量的 99.81%（图 4-10）。太岳、管涔和中条林局森林生态系统生物多样性保护价值相当于山西省森林生态系统生物多样性保护价值量的 60.29%。由此可以看出，太岳、管涔和中条林局森林游憩功能在山西省的重要地位。

山西省境内山地、丘陵占全省总面积的 80%，地势起伏明显，地貌类型复杂多样，大致形成了东部山地区、中部盆地区和西部山地高原区三大系列，山西森林旅游资源多数坐落其中，按照地貌类型，形成了以山岳型为主，其他类型（如湖泊型、冰川型等）相对较少的森林旅游资源类型。18 个国家级森林公园（如五台山、管涔山、关帝山、太行峡谷等）、6 个国家级自然保护区（芦芽山、阳城蟒河、庞泉沟、历山、五鹿山、黑茶山）、6 个国家级风景名胜区中（五台山、恒山等）构成了山西省丰富的自然景观资源。与其他省份不同，山西森林旅游资源不仅自然景观独具特色，而且人文资源种类繁多，更多地体现了自然景观与人文景观的完美结合，从而形成了集人文与自然于一体的独特森林旅游资源，如四大佛教名山之一的五台山、晋商民俗文化、黄河根祖文化、红色革命文化、右玉精神均是山西特有的人文内涵。这些人文资源通过与森林、特色灌木林等自然资源有机地融合在一起，有力地促进了山西省旅游业的发展。

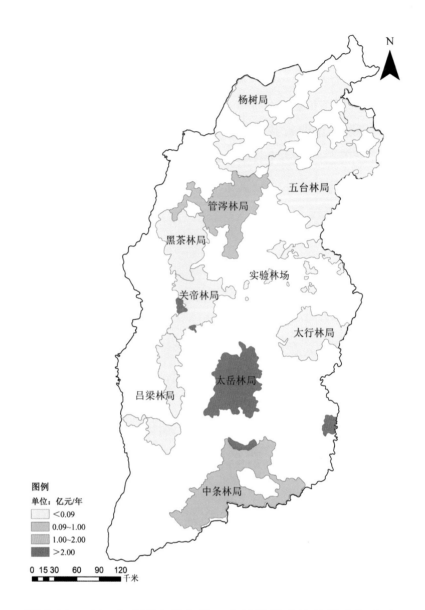

图 4-10　山西省直国有林各林局森林游憩功能价值空间分布

第三节　山西省直国有林不同优势树种（组）生态系统服务功能价值量评估结果

一、山西省直国有林不同优势树种（组）生态系统服务功能价值量评估结果分析

以物质量评估结果为基础，通过价格参数，将山西省直国有林不同树种（组）生态系统服务的物质量转化为价值量，该价值量不包括森林游憩功能价值量，山西省直国有林不同树种（组）生态系统服务功能价值量评估结果见表 4-3。从表 4-3 可以看出，山西省直国有林各树种组间生态系统服务价值量评估结果的分配格局呈现明显的规律性，且差异较明显，价值量最高的为油松、栎类和灌木林，分别为 166.54 亿元 / 年、136.44 亿元 / 年和

表 4-3 山西省直国有林不同优势树种（组）生态系统服务功能价值量评估结果

| 优势树种 | 涵养水源（亿元/年） | 保育土壤（亿元/年） | 固碳释氧（亿元/年） | 林木积累营养物质（亿元/年） | 净化大气环境 | | | | | | 生物多样性（亿元/年） | 总计（亿元/年） | 小计（亿元/年） |
					提供负离子（亿元/年）	吸收污染物（亿元/年）	滞纳TSP（亿元/年）	滞纳PM_{10}（亿元/年）	滞纳$PM_{2.5}$（亿元/年）	小计（亿元/年）			
云杉	3.91312	2.37705	0.64664	0.28354	0.00542	0.07966	1.53079	0.07015	2.56599	4.25202	0.72793	12.20029	45.0400
落叶松	17.59945	11.98785	6.02112	2.29712	0.02780	0.42687	8.20413	0.26075	9.53755	18.45709	4.13651	60.49916	115.8642
油松	48.04398	30.68715	18.58399	3.84855	0.11358	1.07935	20.74192	0.89348	32.68120	55.50953	9.36285	166.53604	45.9300
柏木	3.54885	2.19298	1.07304	0.45591	0.00305	0.08891	1.70876	0.05072	1.98708	3.83852	0.94495	12.05425	174.1315
栎类	24.09003	15.81288	16.05214	4.71540	0.07665	0.26312	11.72833	0.60266	44.50703	57.17778	18.59304	136.44127	48.9336
桦木及山杨类	8.83016	6.95889	5.49297	1.00880	0.01710	0.08985	3.84969	0.17440	13.28904	17.42007	6.34915	46.06005	160.7300
硬阔类	0.20083	0.11461	0.05773	0.01079	0.00064	0.00169	0.02296	0.00117	0.03596	0.06243	0.03586	0.48224	3.3800
杨树及软阔类	17.80614	9.92821	8.94765	1.23406	0.02356	0.18344	2.49086	0.06201	2.58566	5.34553	3.88876	47.15035	44.1946
槐类	0.56708	0.34108	0.30974	0.03741	0.00096	0.00515	0.06991	0.00334	0.14827	0.22763	0.10917	1.59211	58.0500
针叶混交林	10.45596	7.91273	5.37468	1.18346	0.01607	0.10869	1.49247	0.20207	7.39126	9.21056	2.33270	36.47010	156.2630
阔叶混交林	27.87904	19.63342	13.57898	2.87183	0.06225	0.25962	3.52338	0.17917	5.50942	9.53384	5.83078	79.32790	852.5169
针阔混交林	31.28524	19.37268	15.44004	4.63301	0.07335	0.28017	3.82289	0.54256	19.84548	24.56446	21.70677	117.00221	
经济林	0.04642	0.02705	0.00821	0.00243	0.00003	0.00043	0.00584	0.00011	0.00439	0.01080	0.00912	0.10402	
灌木林	52.37758	26.00387	7.41113	1.26203	0.01131	0.42456	5.76425	0.05219	30.86229	37.11460	9.00014	133.16934	

133.17 亿元／年，占所有林局（场）总价值量的 51.37%，最低的树种为槐类、硬阔类和经济林，仅占所有林局（场）总价值量的 0.26%。

（一）涵养水源服务价值量

从图 4-11 可以看出，涵养水源功能价值量最高的 3 种优势树种（组）为灌木林、油松和针阔混交林，分别为 52.38 亿元／年、48.04 亿元／年和 31.29 亿元／年，占所有林局（场）涵养水源总价值量的 53.40%；最低的 3 种优势树种（组）为槐类、硬阔类和经济林，分别为 0.57 亿元／年、0.20 亿元／年和 0.046 亿元／年，仅占所有林局（场）涵养水源总价值量的 0.33%。灌木林、油松和针阔混交林涵养水源功能价值量占到所有林局（场）价值量的一半以上。由此可以看出，灌木林、油松和针阔混交林这 3 个优势树种对于山西省森林生态系统涵养水源功能的重要性。

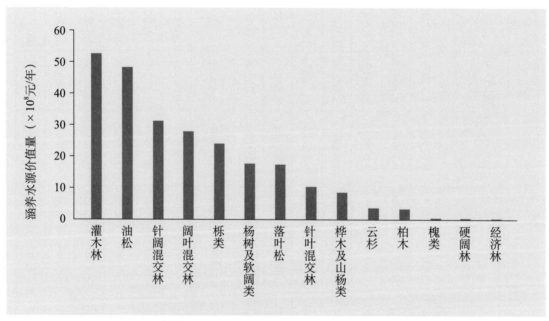

图 4-11　山西省直国有林不同优势树种（组）涵养水源价值量分布

水利设施是涵养水源常见措施，水利设施的建设需要占据一定面积的土地，从而改变土地利用类型，无论是占据的哪一类土地类型，均对社会造成不同程度的影响。另外，建设的水利设施还存在使用年限和一定危险性，随着使用年限的增加，水利设施内会淤职大量的淤泥，影响其使用寿命，并且还存在坍塌等灾害的危险，所以，利用和提高森林生态系统涵养水源功能，可以大大减少相应水利设施建设的投资，并将以上危险性降到最低。

（二）保育土壤服务价值量

从图 4-12 可见，保育土壤功能价值量最高的 3 种优势树种（组）为油松、灌木林和阔叶混交林，分别为 30.69 亿元 / 年、26.00 亿元 / 年和 19.63 亿元 / 年，占所有林局（场）保育土壤总价值量的 49.77%；最低的 3 种优势树种（组）为槐类、硬阔类和经济林，分别为 0.34 亿元 / 年、0.11 亿元 / 年和 0.027 亿元 / 年，仅占所有林局（场）保育土壤总价值量的 0.31%。保育土壤功能价值量较高的油松和灌木林主要分布在山西省的吕梁山脉和太行山脉，而这两个区城恰恰是山西省水力侵蚀和地质灾害多发的重点地区。

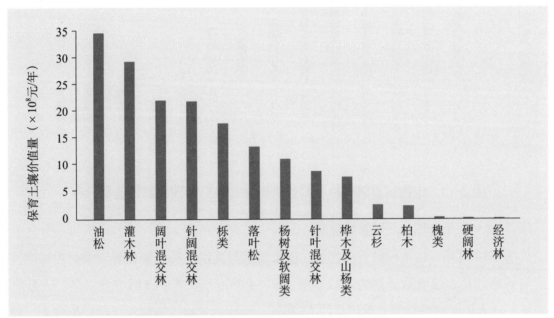

图 4-12　山西省直国有林不同优势树种（组）保育土壤价值量分布

森林生态系统能够削弱雨滴的动能，调节径流泥沙、缓建径流汇集、延长径流汇集的时间，同时林木的枯落物层能有效拦截和过滤泥沙，净化水质的同时保育土壤，减少了随着径流进入水系中的营养元素含量，大大降低了土地退化、河道淤塞、水土污染等环境污染的可能性，将灾害抑制在萌芽状态。

（三）固碳释氧服务价值量

从图 4-13 可见，固碳释氧功能价值量最高的 3 种优势树种（组）为油松、栎类和针阔混交林，分别为 18.58 亿元 / 年、16.05 亿元 / 年和 15.44 亿元 / 年，占所有林局（场）固碳释氧总价值量的 50.58%；最低的 3 种优势树种（组）为槐类、硬阔类和经济林，分别为 0.31 亿元 / 年、0.058 亿元 / 年和 0.0082 亿元 / 年，仅占所有林局(场)固碳释氧总价值量的 0.38%。由此可见，油松、栎类和针阔混交林在森林生态系统固碳释氧功能体现了重要作用。

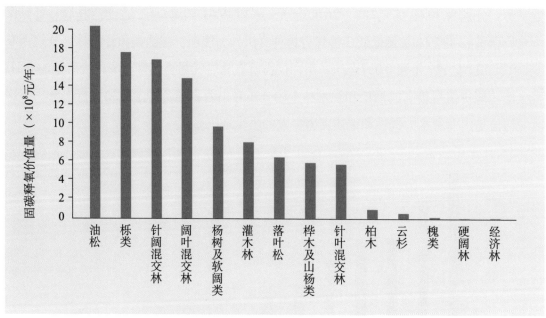

图 4-13　山西省直国有林不同优势树种（组）固碳释氧价值量分布

（四）林木积累营养物质服务价值量

从图 4-14 可见，林木积累营养物质功能价值量最高的 3 种优势树种（组）为栎类、针阔混交林和油松，价值量分别为 4.72 亿元/年、4.63 亿元/年和 3.85 亿元/年，占所有林局（场）林木积累营养物质总价值量的 55.35%；最低的 3 种优势树种（组）为槐类、硬阔类和经济林，前三者分别为 0.037 亿元/年、0.010 亿元/年和 0.0024 亿元/年。森林生态系统通过林木积累营养物质功能，可以将土壤中的部分养分暂时储存在林木体内。在其生命周期内，通过枯枝落叶和根系周转的方式再归还到土壤中，这样能够降低因为水土流失造

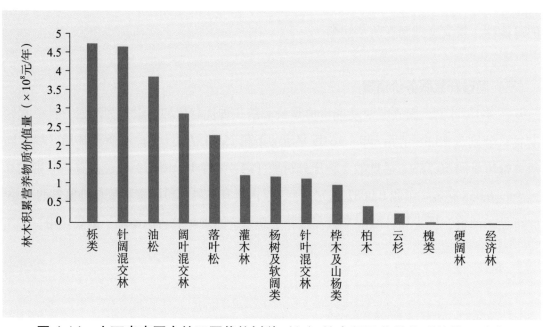

图 4-14　山西省直国有林不同优势树种（组）林木积累营养物质价值量分布

成的土壤养分的损失量。栎类、针阔混交林和油松大部分分布在山西省吕梁山和太行山上，其林木积累营养物质功能可以防止土壤养分元素的流失，保持山西省森林生态系统的稳定。另外，其林木积累营养物质功能可以减少农田土壤养分流失而造成的土壤贫瘠化，一定程度上降低了农田肥力衰退的风险。

（五）净化大气环境服务价值量

从图 4-15 可见，净化大气环境功能价值量最高的 3 种优势树种（组）为栎类、油松和灌木林，分别为 57.18 亿元 / 年、55.51 亿元 / 年和 37.11 亿元 / 年，占所有林局（场）净化大气环境总价值量的 61.72%，最低的 3 种优势树种(组)为槐类、硬阔类和经济林，分别为 0.23亿元 / 年、0.062 亿元 / 年和 0.011 亿元 / 年，仅占所有林局(场)净化大气环境总价值量的 0.12%。

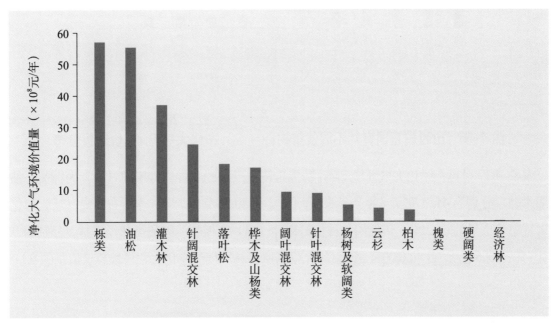

图 4-15　山西省直国有林不同优势树种（组）净化大气环境价值量分布

2016 年，山西省环境空气二氧化硫（SO_2）、可吸入颗粒物（PM_{10}）、细颗粒物（$PM_{2.5}$）年均浓度分别为 66 微克 / 立方米、109 微克 / 立方米、60 微克 / 立方米；与上年相比，二氧化硫、可吸入颗粒物、细颗粒物年均浓度分别上升 8.2%、11.2%、7.1%。为控制污染的高增长速度，山西省政府全面推进控煤、治污、管车、降尘，实施大气污染防治 20 条强化措施，坚持空气质量月排名、通报制度，深入推进 2016 年大气污染防治行动计划。山西省累计淘汰燃煤锅炉 4850 台，大力推进洁净焦和型煤置换散煤工作，山西省共八市推广使用洁净焦或型煤，财政投入近 8.06 亿元，所以，山西省应该充分发挥森林生态系统净化大气环境功能，生态型治理方法应对严重污染问题。

从图 4-16 可见，净化大气环境 PM_{10} 功能价值量最高的 3 种优势树种（组）为油松、栎类和针阔混交林，分别为 0.89 亿元 / 年、0.60 亿元 / 年和 0.54 亿元 / 年，占所有林局（场）

净化大气环境总价值量的 65.88%，最低的 3 种优势树种（组）为槐类、硬阔类和经济林，分别为 0.0033 亿元 / 年、0.0012 亿元 / 年和 0.00011 亿元 / 年，仅占所有林局（场）净化大气环境总价值量的 0.15%。

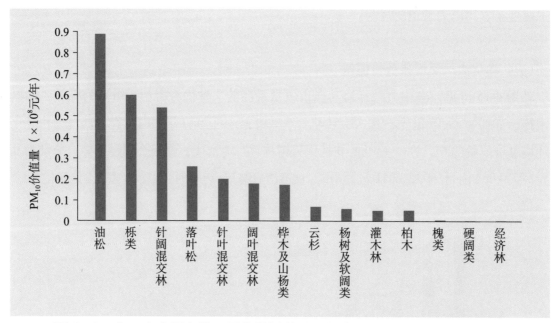

图 4-16　山西省直国有林不同优势树种（组）净化大气 PM₁₀ 价值量分布

从图 4-17 可见，净化大气环境 PM$_{2.5}$ 功能价值量最高的 3 种优势树种（组）为栎类、油松和灌木林，分别为 44.51 亿元 / 年、32.68 亿元 / 年和 30.86 亿元 / 年，占所有林局（场）净化大气环境总价值量的 63.21%，最低的 3 种优势树种（组）为槐类、硬阔类和经济林，分别为 0.15 亿元 / 年、0.036 亿元 / 年和 0.0044 亿元 / 年，仅占所有林局（场）净化大气环境总价值量的 0.11%。

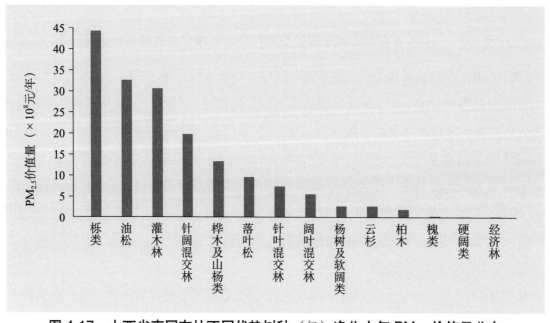

图 4-17　山西省直国有林不同优势树种（组）净化大气 PM$_{2.5}$ 价值量分布

（六）生物多样性保护服务价值量

从图 4-18 可见，生物多样性保护功能价值量最高的 3 种优势树种（组）为针阔混交林、栎类和油松，分别为 21.71 亿元/年、18.59 亿元/年和 9.86 亿元/年，占所有林局（场）生物多样性保护总价值量的 60.06%，最低的 3 种优势树种（组）为槐类、硬阔类和经济林，分别为 0.11 亿元/年、0.036 亿元/年和 0.0091 亿元/年，仅占所有林局（场）生物多样性保护总价值量的 0.18%。

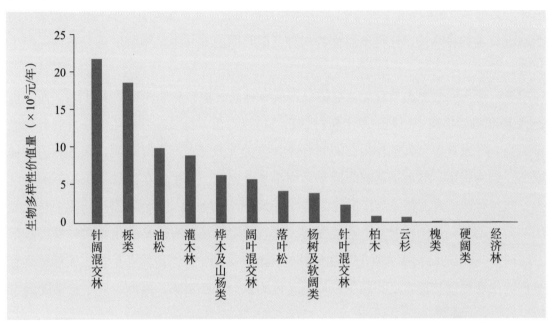

图 4-18　山西省直国有林不同优势树种（组）生物多样性价值量分布

针阔混交林、栎类和油松大部分分布在吕梁山和太行山区，此区域是山西省生物多样性保护的重点地区，建立了许多森林公园和自然保护区，为生物多样性保护工作提供了坚实的基础。同时，正是因为生物多样性较为丰富，给这一区域带来了高质量的森林旅游资源，极大地提高当地群众的收入水平。

二、山西省直国有林不同优势树种（组）生态系统服务价值量分配格局分析

由以上评估结果可以看出，山西省直国有林森林生态系统服务在不同优势树种（组）间的分配格局呈现一定的规律性。

首先，根据森林资源数据分析，空间分布格局主要由面积决定的。由以上结果可以看出，不同优势树种（组）的面积大小排序与其生态系统服务功能大小排序呈现较高的正相关性，如乔木林和油松林的面积占所有林局（场）森林总面积分别为 81.96% 和 19.75%，其生态系统服务价值量占所有林局（场）总价值量分别为 84.30% 和 19.61%，硬阔类和经济林总面积占所有林局（场）总面积的 0.09%，其生态系统服务价值量占所有林局（场）总价值量的 0.07%。其中，灌木林的面积占所有林局（场）森林总面积为 18.03%，其生态系统服务价值量占所有林局（场）总价值量的 15.68%，由此可以看出，灌木林在山西省森林生态系统服务功能中也发挥着重要的作用和价值，如何利用好灌木林也是非常重要的生态文明建设的重要方面。

其次，与不同优势树种（组）分布城区有关。山西省各林局（场）不同地理城区对于森林生态系统服务的影响作用，在第三章中已经论述，本节不再赘述，山西省各林局（场）不同优势树种（组）森林生态系统服务价值量大小排序中，位于前三位的为油松、栎类和灌木林，其森林资源的大部分处于吕梁山脉和太行山脉，此比重均高于其他优势树种（组），由于地理位置的特殊性，使得不同优势树种（组）间的森林生态系统服务分布格局产生了异质性。

再者，与不同起源类型有关，栎类仅占所有林局（场）林地面积的 11.17%，而其价值量占到 16.07%，仅次于山西的乡土树种油松。可以看出，栎类在森林生态系统服务功能方面价值高，并发挥着巨大的作用。同时栎类大多为天然林，有研究表明，天然林的物种丰富度高、结构稳定、林地枯落物组成复杂而丰富，因此，在生产功能和生态功能的持续发挥等方面具有单一人工林无法比拟的优越性（李丹等，2011）。天然林是生物圈中功能最完备的动植物群落，其结构复杂、功能完善，生态稳定性高，有较高的生物多样性（欧阳君祥，2014），稳定的结构和完善的功能使其发挥着较高的生态系统服务价值。天然林具有不可替代的生态保障功能，是我国生态环境建设的重点保护对象。因此，对于栎类的经营和保护也显得尤为重要。

第五章

山西省直国有林森林生态系统
服务功能综合分析

可持续发展的思想是伴随着人类与自然关系的不断演化而最终形成的符合当前与未来人类利益的新发展观。目前，可持续发展已经成为全球长期发展的指导方针，实现经济发展、社会发展和环境保护。我国发布的《中国21世纪初可持续发展行动纲要》提出的目标为：可持续发展能力不断增强，经济结构调整取得显著成效，人口总量得到有效控制，生态环境明显改善，资源利用率显著提高，促进人与自然的和谐，推动整个社会走上生产发展、生活富裕和生态良好的文明发展道路。但是，近年来随着人口增加和经济发展，对资源总量的需求增多，环境保护的难度更大，严重威胁着我国社会经济的可持续发展。本章将从森林生态系统服务的角度出发，分析山西省直国有林社会、经济和生态环境可持续发展所面临的问题，进而为管理者提供决策依据。

第一节　山西省直国有林森林生态服务功能评价结果特征分析

本次评估表明，山西省直国有林对于净化山西省空气环境、生物多样性、改善区域的生态环境具有重要作用。从评估结果来看，10个省直国有林管理局（场）以中条林局的价值量最高，不同优势树种（组）的生态效益以油松和栎类为最大，并呈现出垂直分布的规律。

一、10个省直国有林管理局（场）森林生态效益分析

在山西省直国有林管理局（场）各项森林生态系统服务功能价值量中，以中条林局的生态系统服务价值量最大，占总价值量的20.43%；以实验林场最低，占总价值量的0.40%（图5-1）。10个省直国有林管理局（场）森林生态系统服务功能价值量大小的排序为：中条林局＞吕梁林局＞关帝林局＞太岳林局＞五台林局＞黑茶林局＞太行林局＞杨树局＞管涔

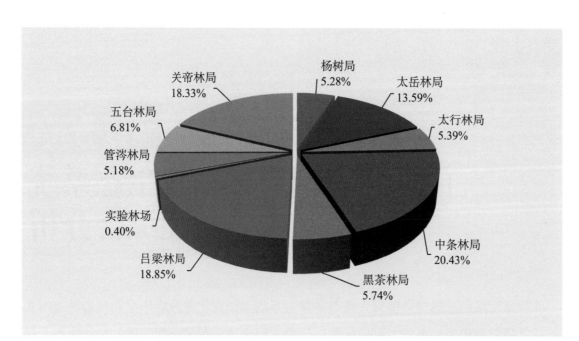

图 5-1　山西省直国有林 10 个林局（场）森林生态系统服务价值量比例

林局＞实验林场，呈现出南部最高，西部次之，中北部最低的分布格局。这是因为地形条件能够影响山西省直国有林管理局（场）的降水和温度，温度随海报的升高而降低，降水随海拔的升高而增加，海拔上升 1 千米，温度下降 6℃，降水则会增加 13.2 毫米。山西省直国有林管理局（场）的自然地理特征等概况，在第二章详细叙述，此处不再赘述。

　　森林生态系统涵养水源的功能能够延缓径流的产生，延长径流汇集的时间，起到调节降水汇集和削减洪峰的作用，降低地质灾害发生的可能，并在一定程度上保证社会的水资源安全（Liu 等，2004），从而使得中条和吕梁林局的森林涵养水源功能最强，价值量最大。良好的生境使得植被能够快速生长，光合作用相对较强，能够从大气中吸收更多二氧化碳，释放较多氧气，同时快速生长地意味着植物本身吸收积累更多的营养物质；盘根错节的根系网以及地表丰富的枯枝落叶层在涵养水源的同时，也能够牢牢地固持住土壤，增强其固土保肥的能力。

二、不同优势树种（组）生态效益分析

　　从图 5-2 可以看出，在山西省直国有林不同优势树种（组）生态系统服务价值量比例中，以油松林和栎类林的生态系统服务价值占比最高，占所有优势树种（组）生态系统总服务价值总量的 35.68%。这与两个优势树种（组）的面积有很大的关系，油松林和栎类林的面积分别为 2404.01×10² 公顷和 1359.55×10² 公顷，占到山西省直国有林森林总面积的 19.76% 和 11.17%。灌木林位列第三，可见灌木林分布范围广泛，从山顶的高山灌丛、草甸到山脚的疏林、灌丛，都有灌木林的分布，面积因子使得灌木林的生态效益价值相对较高。针阔混交林排在第四位，针阔混交林主要是在栎类或山杨、白桦林分改造过程中，栽植了油松

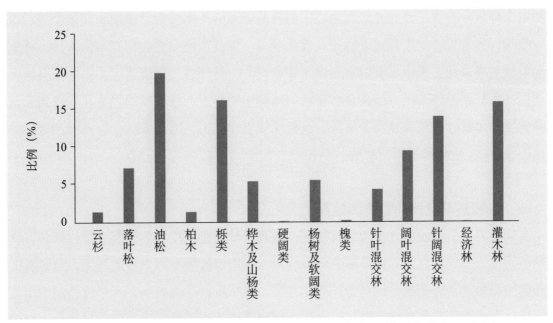

图 5-2　山西省直国有林不同优势树种（组）生态系统服务价值量比例

或华北落叶松，又由人工栽植的针叶树种和萌生所形成的阔叶树混交而成，也有部分天然混交的林分，其林龄结构是以中龄林为主。针阔混交林结构的稳定性，使其生态效益和价值具有丰富性，可以给动植物提供良好的生境条件，增加林内的生物多样性，使其林分的生物多样性价值量相对较高。

第二节　山西省直国有林森林生态系统服务功能评估结果的应用与展望

　　森林是陆地生态系统的主体，是人类进化的摇篮。森林在生物界和非生物界物质交换和能量流动中扮演着重要角色，对保持陆地生态系统的整体功能、维护地球生态平衡、促进经济与生态协调发展发挥着重要作用。森林不仅为人类提供木材、食品和能源等多种物质产品，又能为人类提供森林观光、休闲度假和文化传承的场所，还具有涵养水源、固碳释氧、保持水土、净化水质、防风固沙、调节气候、清洁空气、吸附粉尘等独特功能。因此，对森林生态系统效益进行客观、科学和动态的评估，进而体现林业在经济社会可持续发展中的战略地位与作用，反映林业建设成就，服务宏观决策，成为目前一项重要而又紧迫的任务。

　　中国政府高度重视林业工作，始终把林业发展和国家林业重点工程建设放在重要战略位置。党的十八大把生态文明建设纳入社会主义现代化建设事业"五位一体"布局后，党的十八届五中全会又进一步提出"绿色发展"的新理念，赋予林业绿色富国、绿色惠民、绿色增美的新使命。党中央、国务院以及相关部门陆续出台了生态保护红线制度、党政领导干部生态环境损害责任追究办法、领导干部自然资源资产离任审计试点和开展公益诉讼试点等政策，标志着林业生态建设将进入政策规范、管理严格、责任倒查的新阶段，林业的功能地位被提高到了前所未有的新高度。在新形势、新环境、新机遇下，山西省直国有林管理局（场）要抓住时机，加强森林在污染减霾中的作用，进一步加快森林资源培育，增加森林资源总量、提高森林资源质量、改善森林资源结构、增强森林生态系统功能，确保森林资源持续、快速和健康的发展。

一、加强森林资源的管护和培育

要加强对森林资源的管护和培育措施，提高森林生态系统服务功能。通过评估，就中部地区而言，山西省直国有林森林生态系统服务功能价值较高，为当地乃至山西省提供了较高的生态系统服务功能。但有些管理局（场）森林质量有待提高，这个问题制约了该区域的森林生态系统服务功能的进一步发挥。针对具体生态系统服务功能的发挥，有目的性地培育和管理森林，将是下一步林业工作的主要方向。要确立以生态建设为主的林业可持续化发展道路，通过管好现有森林资源，扩大保护区范围，增加森林资源，增强森林生态系统的整体功能。

要加快森林资源培育步伐，一要通过补植、移植等手段，促进幼苗生长，提高成活率和保存率，有效增加森林的后备资源；二是调整林业投资结构，加大森林经营投入，大力组织开展森林抚育和低质低效林的改造，改变树种单一、生态功能低下、林地生产力不高的状况，提高林木单位面积和蓄积量；三是要引进科学的管理办法、管理观念，以质量为先导，实行全过程的质量管理，逐步实现森林资源保护管理科学化、规范化。

二、增加森林生态系统的多样性

通过评估，山西省直国有林森林生态系统服务效益和价值与其他地区相比较低，多项生态系统服务功能有待增强。提高森林生物多样性保护效益，必须提高区域森林面积和质量，营造好的生境条件，才能最终为动植物和微生物提供可持续发展的空间，因而，对山西省直国有林森林进行科学的抚育十分必要。首先，充分利用森林的自我更新能力，在局部水土流失严重的区域，禁止垦荒、放牧、砍柴等人为的破坏活动，加强保护与培育，以恢复森林植被、增加森林面积和提高森林质量。其次，还应加强中幼龄抚育。对急需抚育的中幼龄林采取科学合理的森林抚育措施，达到优化森林结构，促进林木生长，提高森林质量、林地生产力和综合效益，形成稳定、健康、丰富多样的森林群落结构的目标。第三，在大力实施森林抚育的基础上，如果能够科学地量化生物多样性的保护价值，并开展监测工作，就会引导人们重视森林之外的生物多样性保护价值，也会促使人们更加重视森林的多种功能和自我调控能力，协调森林经营与人类的多种关系。

要发挥科技在生物多样性建设中的作用，科学技术显得尤为重要，如"3S"技术使森林资源管理迈上了一个新台阶。要加大森林病虫害的监测与防治工作的科研及推广力度，切实抓好森林病虫害的监测、预报和防治工作；建立健全外来有害生物预警体系，防止有害生物的入侵和危险病虫害的异地传播；加强对林木重大病虫害的防治、森林资源与生态监测，灵活管理与防控。同时，继续保持并逐步加大对保护区建设的投入力度，认真落实国家对林业的各项优惠政策。以技术为导向，以资金为后盾，切实做好山西省直国有林森林的管理与保护，切实加强山西省直国有林的生物多样性。

三、挖掘森林游憩服务价值潜力

山西是中华民族的发祥地之一。传说中，中华民族的始祖之一炎帝就曾把山西作为其部族的活动范围；中国史前三大伟人尧、舜、禹，都曾在山西境内建都立业；中国历史上第一个奴隶制国家政权夏朝也建立在山西。山西位于华北平原太行山以西，东临河北，南接河南。"左手一指太行山，右手一指是吕梁"，山西文物众多，寺庙林立，此外还有佛教名山五台山以及北岳恒山两大自然景观。山西是我国的文物大省，境内有大量的古寺庙、壁画、石窟等，山西还有五岳之首恒山、中国四大佛教名山之一的五台山等丰富的自然景观。到这里旅行，可以朝五台、攀北岳、游云冈，到壶口瀑布边，倾听黄河的咆哮声！也可去平遥访古，到洪洞寻根，或者登雁门关看金戈铁马。可以说，山西的旅游资源十分丰富。

今后，在特色、多样性、协调性、市场导向和效益原则的基础上，对山西省直国有林以森林为主体的自然环境和自然资源，通过科学规划和一定经济技术活动，使之进一步为森林游憩所利用，同时加强宣传，提高森林游憩服务价值，建设森林康养基地，对游人的身心健康带来益处。

四、加强人工林的可持续发展建设

通过对人工林的科学培育与管理，能够进一步提升该区域森林生态系统服务功能。增加人工林的生态系统服务功能，首先要实现人工林的可持续经营。而可持续经营的必要条件是人工林生物多样性的提高和树种结构的改善，因此要通过大力开展更新造林，以林业耕地、宜林荒山荒地、采伐迹地等为重点，采取人工更新造林、人工促进天然更新等措施，增加和恢复森林植被。其次，充分利用自然力营建人工林。在有天然更新的地方人工造林时，要充分利用自然力恢复森林，采取适当措施如造林时充分保留造林地上的树木，通过适当树种配置、抚育，形成树种混交林分，生物种类较丰富。再者，科学地发展林下植被。发展林下植被不仅可增加人工林的生物多样性，改善人工林的群落结构，而且林下植被在维护长期生产力上起着关键作用，例如，稳定土壤、防止土壤侵蚀、作为养分库减少淋洗、有利于林地的养分循环、固氮，有益于土壤生物区系的多样性等。第四，要有合理的景观配置。按照适地适树和保持景观多样性原则，保留一些现有林，配置多树种造林，以增加生态系统及生物的多样性。这种景观配置有利于林分外部环境的改善，抑制或防止病虫害的蔓延，维护地力，从而提高人工林林分的稳定性。此外，对于人工林的管理和经营，应向生产力管理和集约经营发展，通过实行有效的遗传控制、立地控制、密度控制、植被控制与地力控制，对人工林进行集约管理，实现人工林栽培定向、速生、丰产、优质、稳定和较高的经济效益 6 个目标。

五、加强森林在治污减霾中的作用

森林治污减霾功能是指森林生态系统通过吸附、吸收、固定、转换等物理和生理生化过程，实现对空气颗粒物（TSP、PM_{10}、$PM_{2.5}$ 等）、气体污染物（二氧化硫、氟化物、氮氧化物等）的消减作用，同时能够提供空气负离子、吸收二氧化碳并释放氧气，从而改善区域环境质量。而森林治污减霾功能的实现主要是由于森林植被的存在使得地表粗糙度增加，并通过降低风速进而提高空气颗粒物的沉降概率；其次是森林植被的叶片表面结构特征及理化性质也为颗粒物的附着提供了更有利的条件（牛香，2017）。张维康等研究发现，针叶树种随着年龄的增加，树种单位面积滞纳颗粒物能力逐渐增强，成熟林和过熟林的滞纳能力最强，而幼龄林滞纳能力最弱；在阔叶树种中，中龄林和近熟林的滞纳能力要高于成熟林、过熟林，幼龄林最低，并指出这是由于不同林龄树种叶片结构、分泌物、林分密度和冠层叶面积指数的不同引起的（张维康，2015）。在山西省直国有林森林植被中，中龄林、近熟林和成熟林占到森林总面积的 63.28%，占主要优势；其次，油松林面积占到森林总面积的 19.75%，面积较大。要充分利用中龄林和近熟林的资源面积优势，充分利用针叶树种治污减霾作用较强的特点，在森林治污减霾功能上发挥出更大的作用，为营造天朗气清的优良生态环境发挥更大作用。

总体看来，山西省直国有林总面积为 12170.08×10^2 公顷，其中乔木林 10062.11×10^2 公顷，灌木林面积 2107.97×10^2 公顷。省直国有乔木林面积占全省乔木林面积的 29.74%，省直灌木林面积占全省灌木林面积的 13.19%；省直国有乔灌林面积占全省乔灌林面积的 24.43%。从森林蓄积量来看，山西省乔木林总蓄积量为 156122070.9 立方米，而省直国有林乔木林蓄积量为 56962988.9 立方米，山西省和山西省直国有林单位面积平均蓄积量分别为 47.71 立方米 / 公顷和 57.11 立方米 / 公顷。省直国有林乔木林蓄积量占全省蓄积量的 36.49%，省直国有林单位面积平均蓄积量比全省大 9.40 立方米 / 公顷，大约为 19.70%，可见，山西省直国有林林分质量优于全省平均水平，省直国有林拥有更为优质的森林资源。因而，今后要加大对森林资源的保护力度，对现有森林资源进行合理的培育、经营、开发和利用。

从价值量评估结果来看，山西省直国有林森林生态系统服务功能总价值为 852.52 亿元 /
年，相当于 2016 年山西省森林生态系统服务功能总价值的 26.87%，每公顷森林提供的价值
量为 7.005 万元 / 年，而山西省每公顷森林提供的价值量为 6.37 万元 / 年。由此可知，省直
国有林森林生态系统每公顷森林所提供的价值量高于山西省森林生态系统平均水平，这说
明省直国有林服务功能价值在山西省森林生态服务功能总价值中发挥着重要的作用。同时，
也反映了山西省多年来林业建设成就，体现了林业在经济、社会及生态文明建设可持续发
展中的战略地位与作用。

参考文献

阿丽亚·拜都热拉，玉米提·哈力克，等．2015. 干旱区绿洲城市主要绿化树种最大滞尘量对比 [J].
林业科学，51(3): 57-64.

樊兰英，孙拖焕．2017. 山西省油松人工林的生产力及经营潜力 [J]. 水土保持通报，37（5）：176-181

方精云，徐嵩龄．1996. 我国森林植被的生物量和净生产量 [J]. 生态学报，1996, 16(5)：497-508.

方精云，位梦华．1998. 北极陆地生态系统的碳循环与全球温暖化 [J]. 环境科学学报，18 (2): 113-121.

方精云，柯金虎，等．2001. 生物生产力的"4P"概念、估算及其相互关系 [J]. 植物生态学报，25 (4): 414-419

丁增发．2005. 安徽肖坑森林植物群落与生物量及生产力研究 [D]. 安徽：安徽农业大学．

高一飞．2016. 中国森林生态系统碳库特征及其影响因素 [D]. 北京：中国科学院大学．

国家林业局．2004. 国家森林资源连续清查技术规定 [S]. 北京：中国标准出版社．

国家林业局．2007. 干旱半干旱区森林生态系统定位监测指标体系 (LY/T 1688—2007) [S]. 北京：中国标准出版社．

国家林业局．2007. 暖温带森林生态系统定位观测指标体系 (LY/T 1689—2007)[S]. 北京：中国标准出版社．

国家林业局．2003. 森林生态系统定位观测指标体系 (LY/T 1606—2003)[S]. 北京：中国标准出版社．

国家林业局．2005. 森林生态系统定位研究站建设技术要求 (LY/T 1626—2005) [S]. 北京：中国标准出版社．

国家林业局．2010. 森林生态系统定位研究站数据管理规范 (LY/T 1872—2010) [S]. 北京：中国标准出版社．

国家林业局．2008. 森林生态系统服务功能评估规范 (LY/T 1721—2008) [S]. 北京：中国标准出版社．

国家林业局．2011. 森林生态系统长期定位观测方法 (LY/T 1952—2011) [S]. 北京：中国标准出版社．

国家林业局．2010. 森林生态站数字化建设技术规范 (LY/T 1873—2010) [S]. 北京：中国标准出版社．

国家林业局．2007. 湿地生态系统定位观测指标体系 (LY/T 1707—2007) [S]. 北京：中国标准出版社．

季静．2013. 京津冀地区植物对灰霾空气中 $PM_{2.5}$ 等细颗粒物吸附能力分析 [J]. 中国科学：生命科学，43 (8)：694-699.

梁守伦.2002.关于山西生态林业区划的探讨[J].山西林业科技,4:29-33.

李晓阁.2005.城市森林净化大气功能分析及评价[D].长沙:中南林业科技大学.

李丹等.2011.我国天然林与人工林的比较研究[J].林业调查规划,36(6):59-63.

李瑞忠.2009.山西省水土保持现状与对策[J].科技情报开发与经济,19(16):156-157.

马璨,楚医峰,殷晓轩.2016.空气负离子临床应用与中医环境养生[J].中医药临床杂志,5:628-630.

牛香.2012.森林生态效益分布式制算及其定量化补偿研究——以广东和辽宁省为例[D].北京:北京林业大学.

牛香,宋庆丰,王兵,等.2013.吉林省森林生态系统服务功能[J].东北林业大学学报,41(8):36-41.

牛香,王兵.2012.基于分布式测算方法的福建省森林生态系统服务功能评估[J].中国水保持科学,10(2)36-43.

牛香,薛恩东,王兵,等.2017.森林治污减霾功能研究——以北京市和陕西关中地区为例[M].北京:科学出版社.

欧阳君祥,肖华顺.2014.天然林保育理论基础研究[J].中南林业调查规划.33(1):46-49.

宋庆丰.2015.中国近40年森林资源变迁动态对生态功能的影响研究[D].北京:中国林业科学研究院.

王兵.2011.广东省森林生态系统服务功值评估[M].北京:中国林业出版社.

王兵.2016.生态连清理论在森林生态系统服务功能评估中的实践[J].中国水土保持科学.

王兵,崔向慧.2003.全球陆地生态系统定位研究网络的发展[J].林业科技管理,(2):15-21.

王兵,崔向慧,杨锋伟.2004.中国森林生态系统定位研究网络的建设与发展[J].生态学杂志,23(4):84-91.

王兵,鲁绍伟.2009.中国经济林生态系统服务价值评估[J].应用生态学报,20(2):417-425.

王兵,鲁绍伟,尤文忠,等.2010.辽宁省森林生态系统服务价值评估[J].应用生态学报,(7):1792-1798.

王兵,马向前,郭浩,等.2009.中国杉木林的生态系统服务价值评估[J].林业科学,45(4):124-130.

王兵,任晓旭,胡文.2011.中国森林生态系统服务功体的区城异研究[J].北京林业大学学报,33(2):43-47.

王兵,宋庆丰.2012.森林生态系统物种多样性保育价值评估方法[J].北京林业大学学报,34(2):157-160.

王兵,魏江生,胡文.2009.贵州省黔东南州森林生态系统服务功能评估[J].贵州大学学报:自然科学版,26(5)42-47.

王兵,魏江生,胡文.2011.中国灌木林—经济林—竹林的生态系统服务功能评估[J].生态学报,

31(7): 1936-1945.

王兵，郑秋红，郭浩 . 2008. 基于 Shannon-Wiener 指数的中国森林物种多样性保有价值评估方法 [J]. 林业科学研究, 21 (2): 268-274.

王颖 . 2011. 山西省水资源系统压力综合评价 [J]. 水力发电学报, 30(6): 189-198.

徐国泉, 2006. 中国碳排放的因素分解模型及实证分析：1995～2004[J]. 中国人口·资源与环境, 16 (6): 158-161.

王孟本, 范晓辉 . 山西省近 50 年气温和降水变化基本特征 [J]. 山西大学学报（自然科学版）, 32(4): 640-648.

谢婉君 . 2013. 生态公益林水土保持生态效益遥感测定研究 [D]. 福州：福建农林大学 .

杨锋伟, 鲁绍伟, 王兵 . 2008. 南方雨雪冰冻灾吉受损森林生态系统生态服务功训价值评估 [J]. 林业科学, 44(11): 101-110.

杨蝉玉 . 2014. 山西省水资源利用效率分析 [J]. 山西农业科学, 42(6): 625-628.

杨凤萍, 2013. 基层水利事业单位固定资产管理探讨 [J]. 山西水土保持科技, (1): 32-33.

张维康 . 2016. 北京市主要树种滞纳空气颗粒物功能研究 [D]. 北京：北京林业大学 .

张维康, 2015. 北京不同污染地区园林植物对空气颗粒物的滞纳能力 [J]. 环境科学, (7): 2381-2388.

庄家尧 . 2008. 水文观测中径流量计算精度的改进 [J]. 南京林业大学学报（自然科学版）, 32 (6): 147-150.

张维康, 2015. 北京不同污染地区园林植物对空气颗粒物的滞纳能力 [J]. 环境科学, (7): 2381-2388.

Fang J Y, Wang G G, Liu G H, et al. 1998. Forest biomass of China: An estimate based on the biomass-volume relationship.Ecological Applications, 8(4): 1084-1091.

Fang J Y, Chen A P, Peng C H, et al. 2011. Changes in Forest Biomass Carbon Storage in China Between 1949 and 1998[J]. Science, 292: 2320-2322.

Hagit Attiya. 2008. 分布式计算 [M]. 北京：电子出版社 .

Hofman J, HovorkováI, SempleKT. 2014. The variability of standard artificial soils: behaviour, extractability and bioavailability of organic pollutants[J]. Journal of Hazardous Materials, 264 (2): 514-520

Liu Y, Shi JF, Shisgov V, et al. 2004. Reconstruction of May-July precipitation in the north Helan Mountain, Inner Mongolia since A.D. 1726 from tree-ring late-wood widths[J]. Chinese Science Bulletin, 49(4): 405-409.

MA (Millennium Ecosystem Assessment). 2005. Ecosystem and Human Well-Being: Synthesis[M]. Washington D C: Island Press.

Niu X, Wang B, Wei W J.2013. Chinese Forest Ecosystem Research Network: A Plat Form for Observing and Studying Sustainable Forestry [J]. Journal of Food, Agriculture & Environment, 11(2): 1232-1238.

Niu Xiang, Wang Bing. 2013. Assessment of forest ecosystem services in China: A methodology [J]. Journal of Food, Agriculture &Environment, 11 (3&4): 2249-2254.

Palmer MA, Morse J, Bemhardt E, et al. 2004. Ecology for a crowed plant [J]. Science, 304: 1251-1252.

Sutherland WJ, Armstrong-Brown S, Armsworth PR, et al. 2006. The identification of 100 ecological questions of high policy relevance in the UK [J]. Journal of Applied Ecology, 43:617-627.

Wang B, Cui X H, Yang F W. 2004. Chinese forest ecosystem research network (CFERN) and its development [J]. China E-Publishing, 4: 84-91.

Wang B, Wei W J, Xing Z K, et al. 2012. Biomass Carbon Pools of Cunninghamia Lanceolata (Lamb.) Hook [J]. Forests in Subtropical China: Characteristics and Potential. Scandinavian Journal of Forest Research: 1-16.

Wang B, Wei W J, Liu C J, et al. 2013. Biomass and Carbon Stock in Moso Bamboo Forests in Subtropical China: Characteristics and Implications [J]. Journal of Tropical Forest Science. 25(1): 137-148.

Wang B, Wang D, Niu X. 2013. Past, Present and Future Forest Resources in China and the Implications for Carbon Sequestration Dynamics[J]. Journal of Food, Agriculture & Environment. 11(1): 801-806.

You Wenzhong, Wei Wenjun, Zhang Huidong. 2013. Temporal patterns of soil CO_2 efflux in a temperate Korean Larch (Larix olgensis Herry.) plantation, Northeast China [J]. Trees, 27 (5):1417-1428.

Xue PP, Wang B, Niu X. 2013. A Simplified Method for Assessing Forest Health, with Application to Chinese Fir Plantations in Dagang Mountain, Jiangxi China [J]. Journal of Food, Agriculture & Environment, 11(2): 1232-1238.

附　表

山西省森林生态服务功能评估社会公共数据

编号	名称	单位	数值	来源及依据
1	水库建设单位库容投资	元/立方米	6.93	中华人民共和国审计署，2013年第23号公告：长江三峡工程竣工财务决算草案审计结果，三峡工程动态总投资合计2485.37亿元；水库正常蓄水水位高175米，总库容393立方米。贴现至2016年
2	水的净化费用	元/吨	3.37	根据山西省物价局网站，山西省居民用水的平均价格
3	挖取单位面积土方费用	元/立方米	69.52	依据2002年黄河水利出版社出版《中华人民共和国水利部水利建设工程预算定额》（上册）中人工挖土方Ⅰ和Ⅱ类土类没100立方米需42工时，人工费依据《山西省建筑工程计价定额》（SXJD-JZ-2011），人工工日单价110元/工日，贴现2016人工工日单价165元/工日
4	磷酸二铵含氮量	%	14.00	
5	磷酸二铵含磷量	%	15.01	化肥产品说明
6	氯化钾含钾量	%	50.00	
7	磷酸二铵化肥价格	元/吨	3641.83	根据中国农资网（http://www.ampcn.com）2008年山西省磷酸二铵市场价格2570元/吨贴现至2016年
8	氯化钾化肥价格	元/吨	3090.03	根据中国化肥网（http://www.fert.cn）2008年山西省氯化钾化肥价格2190元/吨贴现至2016年
9	有机质价格	元/吨	882.87	根据中国农资网（http://www.ampcn.com）2013年鸡粪有机肥的春季平均价格800元/吨贴现至2016年
10	固碳价格	元/吨	944.01	采用2013年瑞典碳税价格：136美元/吨二氧化碳，人民币兑美元汇率按照2013年平均汇率6.2897计算，贴现至2016年
11	制造氧气价格	元/吨	1433.67	采用中华人民共和国国家卫生和计划生育委员会网站（http://www.nhfpc.gov.cn/）2007年春季氧气平均价格（1000元/吨），再根据贴现率转换为2016年的现价
12	负离子产生费用	元/10^{18}个	9.5	根据企业生产的使用范围30平方米（房间高3米）、功率为6瓦、负离子浓度1000000个/立方米、使用寿命为10年、价格每个65元的KLD-2000型负离子发生器而推断获得，其中负离子寿命为10分钟，根据《中国能源发展报告（2013）》，2012年中国平均销售电价为625.19元/兆瓦时，再根据价格指数（电力、热力的生产和供应业）将2012年电价折算为2016年现价为0.65元/千瓦时

编号	名称	单位	数值	来源及依据
13	二氧化硫治理费用	元/千克	2.05	根据中华人民共和国国家发展和改革委员会第四部委2003年第31号令《排污费征收标准及计算方法》中北京市高硫煤二氧化硫排污收费标准1.20元/千克；氟化物排污收费标准0.69元/千克；氮氧化物排污收费标准0.63元/千克；一般粉尘排污收费标准0.15元/千克，分别贴现至2016年
14	氟化物治理费用	元/千克	1.17	
15	氮氧化物治理费用	元/千克	1.07	
16	降尘清理费用	元/千克	0.26	
17	$PM_{2.5}$所造成的健康危害经济损失	元/千克	4801.57	根据David等2013年《Modele $PM_{2.5}$ Removal by Trees in Ten U.S.Cities and Associated Health Effects》中对美国10个城市绿色植被吸附及健康价值影响的研究。其中，价值贴现至2016年，人民币对美元汇率按照2013年平均汇率6.2897计算
18	PM_{10}所造成的健康危害经济损失	元/千克	31.23	
19	生物多样性保护价值	元/（公顷·年）	——	根据Shannon-Wiener指数计算生物多样性保护价值，采用2008年价格，即： Shannon-Wiener指数<1时，S_1为3000元/（公顷·年）； 1≤Shannon-Wiener指数<2时，S_1为5000元/（公顷·年）； 2≤Shannon-Wiener指数<3时，S_1为10000元/（公顷·年）； 3≤Shannon-Wiener指数<4时，S_1为20000元/（公顷·年）； 4≤Shannon-Wiener指数<5时，S_1为30000元/（公顷·年）； 5≤Shannon-Wiener指数<6时，S_1为40000元/（公顷·年）； Shannon-Wiener指数≥6时，S_1为50000元/（公顷·年）。 通过工业生产者出厂价格指数将2008年价格折算为2016年的现价

"中国森林生态系统连续观测与清查及绿色核算"系列丛书目录